楚尘
文化
Chu Chen

北京楚尘文化传媒有限公司 出品

我喜爱的

食 厨
与
材 具

［日］渡边有子 著

罗嘉 译

中信出版集团 · 北京

图书在版编目（CIP）数据

我喜爱的厨具与食材 / (日) 渡边有子著；罗嘉译
. -- 北京：中信出版社，2018.6
ISBN 978-7-5086-8001-9

Ⅰ.①我… Ⅱ.①渡… ②罗… Ⅲ.①炊具②烹饪－
原料 Ⅳ.①TS972.21 ②TS972.111

中国版本图书馆CIP数据核字(2017)第 192527 号

WATASHI NO SUKINA 'RYORIDOUGU' TO 'SHOKUZAI'

Copyright © 2015 by Yuko WATANABE

Photographs by Takahiro IGARASHI

All rights reserved.

Original Japanese edition published by PHP Institute, Inc.

This Simplified Chinese edition published by arrangement with

PHP Institute, Inc., Tokyo in care of Tuttle-Mori Agency, Inc., Tokyo

Through Beijing Kareka Consultation Center, Beijing

Chinese simplified translation copyright © 2018 by Chu Chen Books.

我喜爱的厨具与食材

著　　者：[日] 渡边有子
译　　者：罗　嘉
出版发行：中信出版集团股份有限公司
　　　　　（北京市朝阳区惠新东街甲 4 号富盛大厦 2 座　邮编　100029）
承 印 者：北京汇瑞嘉合文化发展有限公司

开　　本：880mm×1240mm　1/32　　　印　张：6　　　字　数：80 千字
版　　次：2018 年 6 月第 1 版　　　　　印　次：2018 年 6 月第 1 次印刷
京权图字：01-2017-8994　　　　　　　广告经营许可证：京朝工商广字第 8087 号
书　　号：ISBN 978-7-5086-8001-9
定　　价：48.00 元

图书策划：楚尘文化

序言

　　春天，为了办一个料理课堂，我开了间小小的工作室。为此从头置办一切厨房用具。这已是很久之前的事了。

　　重新审视工作室里需要的厨具，料理教室里要用的食材，我有了一种新发现，这里洋溢着一种极其清爽的感觉。

　　大家一直以为厨具用起来很顺手就可以了。果真如此吗？难道就没有更好的选择了吗？我不断地自问自省。厨具一旦买下，很难替换，正因如此，才更需要认真挑选。因此，我把所选厨具的使用心得，以及用这些厨具做出来的菜肴，在此一一呈现给大家。

　　挑选食材之于我，宛如一次永无终结的旅行，我始终在探索从未尝过的味道和尚未发觉的口感。在漫漫的旅途中，我把喜欢的一切，无论是平日常用的器具，还是刚刚品过的美味，谨此献给诸位。

　　读了《我喜爱的厨具与食材》后，倘能给你的厨房带去一道新的风景，我会感到无比欣慰。

目录

我喜爱的厨具

12 — 15 ｜ 菜刀和砧板　柿饼白萝卜醋腌沙拉

16 — 19 ｜ Cristel 可利浅锅　奶油烤意大利面

20 — 23 ｜ Staub 珐琅铸铁锅　香炖油菜花

24 — 27 ｜ 带盖迷你铁煎锅　青豆意大利熏肉蛋卷

28 — 31 ｜ 特氟龙涂层的不粘锅　炒豆苗

32 — 35 ｜ 烧饭锅　焖饭

36 — 69 ｜ 布菜勺　香炖鸡翅

40 — 43 ｜ 漏勺　蚕豆意大利面

44 — 47 ｜ 不锈钢盆和笊篱　章鱼土豆沙拉

48 — 51 ｜ 平底方盘套装　腌竹荚鱼

52 — 55 ｜ 筛子　拌凉菜

56 — 59 ｜ 面板　葱花饼

60 — 63 ｜ 珐琅圆筒容器　莲藕汤

64 — 67 ｜ 木质刨刀　鲣鱼刺身沙拉

68 — 71 ｜ 烧烤篦子　牛油果吐司

72 — 75 ｜ 去核器　美国樱桃蜜饯

76 — 79 ｜ 测肉温度计　烤牛肉

80 — 83 ｜ 煎蛋锅　煎蛋卷

84 — 87 ｜ 保温棉罩　香蒸鸡肉莲藕

88 — 91 ｜ 胡椒研磨器　番茄西葫芦黑胡椒 Carpaccio

92 — 95 ｜ Vitamix 破壁机　白兰瓜薄荷汁

96 — 99 ｜ 料理棒　白芝麻凉拌木耳

我喜爱的食材

102 – 105 ｜ 大米　干货梅子饭

106 – 109 ｜ 意大利面　番茄意大利面

110 – 113 ｜ 高汤　快腌夏令时蔬

114 – 117 ｜ 粗盐和细盐　粗盐炸土豆

118 – 121 ｜ 米醋　芜菁与樱花西式泡菜

122 – 125 ｜ 橄榄油　鸡蛋芦笋沙拉

126 – 129 ｜ 菜籽油与芝麻油　菜籽油凉拌油菜

130 – 133 ｜ 白味噌　白味噌无花果

134 – 137 ｜ 酒糟　酒糟芋艿羹

138 – 141 ｜ 番茄酱　番茄酱炖牛腿

142 – 145 ｜ 鲜香草　香草沙拉

146 – 149 ｜ 蓝纹乳酪　蓝纹乳酪橘皮果酱炸春卷

150 – 153 ｜ 黄油　黄油蒸白菜

154 – 157 ｜ 花生酱　花生酱卤

158 – 161 ｜ 纯胡椒　胡椒鞑靼酱意式烤面包

162 – 165 ｜ 饺子皮　煎饺子

166 – 169 ｜ 苦椒酱　苦椒酱面

170 – 173 ｜ 绍兴酒　蒜香鸡翅

174 – 177 ｜ 小茴香　土豆小茴香

178 – 181 ｜ 坚果类　白葡萄酒焖彩椒鲷鱼 撒碎杏仁

182 – 185 ｜ 蜂蜜　草莓甜菜蜂蜜沙拉

186 ｜ 问询地址

本书菜谱中的计量单位 ｜ 一杯 =200 毫升 ｜ 一大勺 =15 毫升 ｜ 一小勺 =5 毫升

我喜爱的厨具

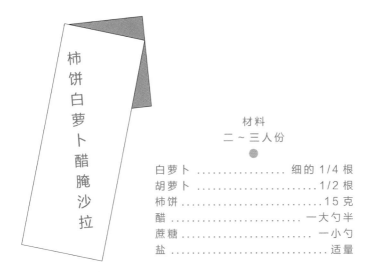

柿饼白萝卜醋腌沙拉

材料
二～三人份

白萝卜 .... 细的 1/4 根
胡萝卜 .... 1/2 根
柿饼 .... 15 克
醋 .... 一大勺半
蔗糖 .... 一小勺
盐 .... 适量

① 用锋利的菜刀把白萝卜对半切开，再竖着切成薄片，继而切为细条。胡萝卜切成和白萝卜同样长短的细条。柿饼切细条。

② 把白萝卜和胡萝卜一起放进盆中，稍撒些盐，腌渍出水。

③ 腌出来的水分轻轻倒去，加入醋、柿饼、蔗糖拌匀，入味即可。

菜刀和砧板

　　菜刀刚磨好，锋利无比可想而知，用来顺手。再没有比用一把钝刀，更让人心里不快的了。用锋利的菜刀切东西，手起刀落，因势利导。蔬菜与刀如此契合，切下去时都可以感到菜的新鲜和水灵。同样的白萝卜或胡萝卜，切它们的刀的锐钝，都会影响到口感。舌尖触感的差异，无可争辩。美味珍馐，不仅在于调味料。

　　刀的快钝，通过研磨，变化明显。好用的刀到底是怎样的呢？我觉得，某种程度上说要有一定的手感。刀柄有分量，会比较好握。如果太轻，手腕和手掌反会用力，易感疲劳。因此选一把适手的刀，最为重要。

　　而砧板又该如何挑选呢？要选下刀时触感柔软的材料。木头应该软一些，但要有厚度。

　　砧板形状比较推荐圆形。最近我一直在使用"照宝"牌圆形砧板。圆形容易翻转，切那些味道浓、分量少的姜、蒜时，方便操作。又比如切西兰花、卷心菜那种占体积又蓬松的蔬菜时，圆形较之于长方形，铺开面大，菜不容易掉到外面，用起来更有效率。

　　再者，砧板一定要有厚度。这样下刀时，感觉才到位。有些砧板，薄如垫子，切下去刀刃容易碰到台面，反倒不容易切。总之，木质的砧板，还是非常好用的。

材料
二人份

奶油烤意大利面

罐装瑶柱 ....160 克
黄油 ....30 克
低筋面粉 ....三大勺
牛奶 ....240 毫升
意大利面 ....80 克
盐、胡椒粉 ....适量
奶酪粉 ....适量

① 锅中加满水，放盐，意大利面按标明的做法煮，沥干水分。
② Cristel 浅锅里放入黄油，小火熔化，加入低筋面粉，用木铲搅拌至没有粉粒。
③ 缓缓地加入牛奶，边倒入边搅拌，直至牛奶全部倒入。
④ 瑶柱连同罐中的汤一起倒入，与前者一同搅拌。
⑤ 把①倒入④中搅拌，放盐和胡椒粉调味。
⑥ 倒入耐热盘中，撒上奶酪粉，放入加热好的烤箱，烤 12~15 分钟。

Cristel¹ 可利浅锅

我一直以来用的都是深底可利锅，可煮，可焖，可蒸，做什么都用得上，日常生活的每一天都离不开。即便直径14厘米的小锅，也是每2厘米便有一个刻度。还可依次叠放六个套锅，极易收纳。多年来无论在家里，还是在料理教室，都缺少不得。正因如此，可利锅绝对是必备的。

其中，尤以最小尺寸14厘米的锅，在家中最常使用。每天早上煮鸡蛋，晚上加热剩饭，有了它简直如获至宝。尺寸又小又轻便，可以把剩饭连同锅一起放进冰箱，非常方便。

最近，一款浅底锅在我的厨房里登场了。这只锅用起来真是太顺手了。炖鱼，炖菜，或是煮干货，凡是用水不多的烩煮，用它来煮都极为方便。加之锅浅，口径就大。像白色调味汁，或是蛋黄酱一类，需要熬制成奶油状，要用木铲搅拌，用小火边熬边看。如此一来，阔口的浅锅自然比看不到里面的深锅要方便，做起来也不会觉得累。

在煮芦笋、玉米之类不需要太多水的长形食材时，这款浅底锅用起来也很顺手。厚实的锅底，用着放心，锅体又轻，还可装套锅，收纳时也方便，当作最基本的锅来用，非常不错。日常器具用得称手，自会觉得好。

* * * * *

1 Cristel：法国百年锅具品牌。Cristel锅具钢铝一体成型，导热均匀，聚热极佳，使用、清洗、收纳均方便。——译者注，本书页下注均为译者注

① 油菜花切为三等分。大蒜拍碎。杏仁切粗粒。
② Staub 锅里放入①，撒两小撮粗盐，均匀倒上橄榄油，盖好锅盖。
③ 用小火慢煮。中间翻一下以免粘锅，焖二十分钟。加入杏仁。如味道不够，
　 可再加些粗盐。

※ 与法国重口味田园风味面包或德国黑面包搭配极佳。

香炖油菜花

材料
适量
●

油菜花 .... 一把
大蒜 .... 1/3 头
杏仁 .... 15 克
橄榄油 .... 75 毫升
粗盐 .... 适量

Staub 珐琅铸铁锅

质地厚实的锅，当以 Staub 为代表，在家中和工作室的厨房里，每天都用得着。我已有好几个了，它们的颜色一律为灰色。

Staub 锅的一大特点是锅不大，用起来非常顺手。但终究太沉了，大锅只在某些特定用途时拿出来。小号直径 16 厘米或是 18 厘米的锅，虽然还是比较沉，但用起来很方便。

蒸菜烧煮，调羹做汤，每天的餐食，都靠它大显身手。

锅里加少量水，就可以用火给食材加热，可谓是一大烹饪利器。加热之后，食材的味道才可以被充分激发出来。

好不容易冬残春近，油菜花开。金黄尽染，恰是品尝油菜花的时节。油菜花味道浓郁之中带些苦涩，口感却是清新的；而过火煮透后，却又别有一番味道。黏滑的油菜花可做成酱汁，浇在意大利面上，很好吃，涂在稍微烤过的酸面包上，也非常鲜美。这是只用少量水和油就可以把食材烧制得极其美味的一种方式。

用 Staub 烧大块的肉，可以把肉炖得软糯无比。把猪肉块和莲藕、红薯等根茎菜放在一起，倒些红酒，焖上一会，就可做出一顿美味佳肴。

只需把食材倒入 Staub 锅中，一番烹煮，一顿美餐即得，像施魔法般神奇。没有大动干戈，可端出的饭菜却是如此美味，以至于让人总觉得不应如此简易。

材料
适量

●

青豆 .... 净重 5 0 克
意大利熏肉 .... 3 5 克
鸡蛋 .... 三个
橄榄油 .... 一大勺
盐 .... 少许

青豆意大利熏肉蛋卷

① 青豆放入笊篱水煮三四分钟。腌肉切小块。
② 鸡蛋打散，撒盐。
③ 在带盖迷你铁煎锅里倒入橄榄油，加热，撒入熏肉翻炒。
④ ②里加入熏肉及青豆，混拌后倒入带盖迷你铁煎锅，中火加热一分钟，转小火，盖锅盖，
煎十分钟，直至鸡蛋表面焦黄。

带盖迷你铁煎锅

　　带把手的小煎锅，经常用来煎鸡蛋。食材因量而异，鸡蛋两三个打散，倒进锅里煎一下，或是盖上锅盖用小火慢蒸。就像这样，合适的锅既可煎又可蒸，两人份的鸡蛋可轻松搞定。

　　春天，可以放些芦笋或青豆，即可有一盘黄绿搭配、色彩清新的煎蛋；夏天，加些红辣椒或番茄，就是一盘颜色健康、充满活力的煎蛋；而冬天又可来一个腌萝卜干煎蛋。小小的煎锅，蓬松的煎蛋，依季节而变，其乐无穷。当然，这锅不只是煎蛋专用。

　　只做一人份的香肠煎蛋早餐，用的锅也非它莫属。想煎出香脆多汁的香肠，只有铁煎锅才能胜任。香煎的味道，实关乎口感。而用来煎蛋，又可把蛋白煎得松脆，蛋黄依旧保持溏心，仅是观看，就大饱眼福，十分诱人了。这个单人用的迷你带盖铁锅，还可为迟回的人把饭留好，盖上盖子，回锅方便。锅的尺寸和形状适合端上餐桌，可谓此锅的最大优势。可爱的造型，煞是讨人喜欢。一个人的午饭，可用锅的一半烤鸡腿，腾出一半放芦笋、西兰花等青菜一起翻炒。一个煎锅，就可做出一锅热腾腾的菜肴，直接端上餐桌。这时，如果有根法棍，便是一顿丰盛的午餐。你或许觉得铁锅不好收拾，其实很简单，洗干净后，用火烘干即可。别以为小锅没什么了不起，就因为它小，才是至宝，"小"也是此锅最大的魅力。

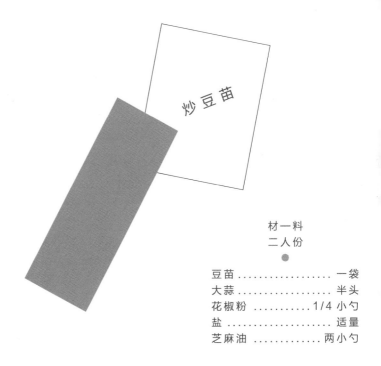

炒 豆 苗

材一料
二人份
●

豆苗 .... 一袋
大蒜 .... 半头
花椒粉 ....1/4 小勺
盐 .... 适量
芝麻油 .... 两小勺

① 豆苗（如太长）切成 4 厘米长短。大蒜轻轻捣碎。
② 特氟龙不粘锅里倒入芝麻油加热，倒进豆苗快速翻炒。加盐调味，撒些花椒粉。

特氟龙涂层的不粘锅

如家里有一个特氟龙涂层的不粘锅，会非常方便。炒菜烧肉时，我们一般会用铁锅，若只想简单扒拉两下青菜，用不粘锅就极省事。

不过这种特氟龙涂层的不粘锅，属于消耗品，不可能长久不坏。这点与铁锅不同，铁锅越用越好用，可以成为自己的一件工具。选择工具的标准，前提应该像铁锅一样，慢慢培养，常年使用。但特氟龙涂层的不粘锅，却是例外。也许把它当作长命工具，有一定的难度。但如果定位在方便顺手上，可能就是我们需要的东西了。

不过，即便是消耗品，也不能随便凑合。首先要定好自己的标准。想要使用长久，要尽量挑选特氟龙涂层厚实的锅，而且底面尽量不要有花纹，铝合金表面尽量简洁。一件工具，给人的感觉应该是精干。不能因为它被划在消耗品里，就可以邋里邋遢，这样就过分了。总之和其他工具一样，要收拾得里外干净。尽管只为一时之需，也要倾尽爱心，得当使用。

特氟龙不粘锅就像前面提到的，使用方便是其最大的优点。清晨繁忙准备饭菜、收拾便当时，不可或缺。这样说来，有个直径18厘米的小号不粘锅，会极其省事。也许终有一天不粘锅会离我们而去，但现在，用起来还是很方便！这就是它的定位。

材料
二人份

米（艳姬米[1]）....................... 二合 [2]
水 ....360 毫升

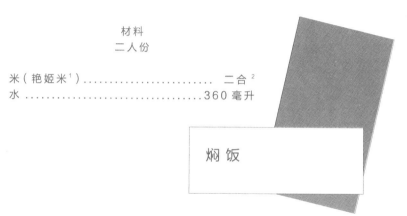

焖饭

米在盆里充分洗好，用笊篱捞起。水分挥发掉后，倒入烧饭锅里，加水。浸泡三十分钟，用中等偏大的火烧，快要溢出来时关火。静置二十分钟焖透。

烧饭锅

胖墩墩、憨态可掬的烧饭锅，是专门用来焖饭的。用它焖出的白米饭，冒着蒸汽，闪着亮光，带着丝丝的甜意。有这么一碗白米饭足矣。

这个烧饭锅，其实是我先生单身时就使用的一只锅。单身男性焖饭用专用烧饭锅，也许让人觉得太讲究。这是他在田园调布³采访时，在一家名叫"Ichou"的食器店里买的，因为听说用这种锅做出的饭好吃。

用这个锅焖出来的白米饭，确实很好吃。我家现在就用它来焖饭，焖出的米饭之好吃，让我忍不住向朋友力荐此锅。前些日子，连料理教室也买进了一个可以烧五合米的大号锅。

用此锅烧出的饭，为何会好吃呢？

秘密在于其结构。盖子是双层的，蒸汽在里面不会流失。锅内做过焦炭处理，效果如同远红外线。

而最关键的部分，当属焖饭的诀窍。这里不需要翻来覆去的调节火苗。只需把火调到中大，一旦要潽出来就关火，焖上二十分钟。就这么简单。潽出来，会不会弄脏煤气炉？这里有个可爱的小秘密——锅沿有一圈弧线，所以绝对不会潽到外面。即使盖着锅盖，也看得出来是否要潽上来。放心，绝对不会潽到外面。真的是十全十美的烧饭锅。

只要一潽出来就关火，做法如此简单！水分到底蒸发到哪里去了？任凭你琢磨吧。焖好的米饭粒粒饱满，润泽闪亮，没有比这再美味的了。一碗好吃的白米饭，就是简单的幸福。

* * * * *

1　艳姬米：产地在日本山形、宫城、岛根三个县。煮出的米饭，光泽度甚于其他米，口感香糯。
2　合：日本容量单位，1 合约 0.18 升。
3　田园调布：东京都大田区的地名。为日本高级住宅区。

香炖鸡翅

材料
适量

鸡翅............................八根
洋葱............................一个
大蒜............................两头
生姜............................两块
红辣椒..........................一根
鹌鹑蛋..........................六个
黑醋........................100毫升
蔗糖............................三大勺
酱油............................四大勺
香油............................一小勺
水..........................100毫升

① 姜、蒜去皮切薄片。红辣椒去籽。洋葱切为八等分。

② 鹌鹑蛋放入沸水中煮。剥去蛋壳。

③ 锅中倒入香油加热，加入①和鸡翅快速翻炒。

④ 加入调味料和水，大火烧沸撇沫，盖上盖子，调至中小火，期间不时用布菜勺舀起汤汁，均匀浇在鸡肉上，炖煮五十分钟。加入鹌鹑蛋，关火。

布
菜
勺

　　长筷子、尖筷子[1]、汤勺、布菜勺，别看它们小得不起眼，却都是料理当中出色的工具。长筷子不用太粗，稍细些反倒好用；尖筷子前端要细，用起来反应迅敏，才可称为最好。无论是长筷子还是尖筷子，并不是随便什么都好，只有用得顺手，夹着舒服，才好。虽说事小，可对料理来说，却极为重要。

　　从锅里盛菜肴时，用汤勺也好，布菜勺也罢，勺子的弧度和手柄的长度，是好用不好用的先决条件。我有一个非常好用的布菜勺。勺子弧度浅，手柄短，每当我用时都在想，此勺缺不得。需用时，不由自主伸手拿来就用。

　　我有一位好友专做金属工艺品，他这件作品，也是我最中意的一件工具。手柄短，和盘子的比例协调，既可在盛菜时作为布菜勺，又可拿上餐桌直接用，两全其美。而如果勺子手柄长，看上去就像厨房专属用具，就不能这么任意使用了。与盘子的比例协调，拿上餐桌就不觉得突兀，但更为关键的是，用它掏取食物得心应手。用过一次后，我又买了两个，用时每每想再有一个就好了。好不好用，只有用过才知，用过还想再买的工具，才能称为真正好用的工具。在料理教室里，我也总是情不自禁地伸手拿来就用。学生常常问我："这是哪里做的？看着好像很好用！"

　　长筷子、布菜勺，看似小小一件工具，一旦用着顺手，真会让你神清气爽。

　　＊＊＊＊＊

1　尖筷子：前端呈尖形，方便操作，主要为日式料理装盘时用。

蚕豆 .... 400 克（去壳 150 克）
大蒜 .... 半头
帕玛森奶酪[1]粉 .... 三大勺
橄榄油 .... 两大勺
粗盐、黑胡椒粉 .... 适量
短意大利面 .... 140 克

① 蚕豆去壳，剥去薄皮。大蒜不用捣得太碎。
② 煮一锅热水，加粗盐，煮意大利面。快出锅前三分钟倒入①的蚕豆。
③ 炒锅中倒入橄榄油和大蒜加热，直至香味飘出，倒入三勺煮意大利面的汤汁。用漏勺
   捞起煮好的意大利面和蚕豆，放入炒锅，撒上帕玛森奶酪粉，关火，迅速搅拌，撒粗
   盐和胡椒粉。
④ 盛于加热后的盘中，均匀浇上橄榄油（材料外的量）。

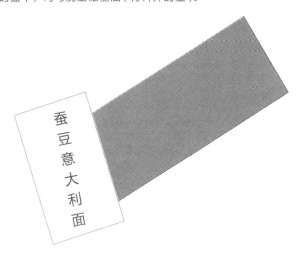

蚕豆意大利面

漏勺

想要买些工作上用的白色餐具，拍照用的木编或纸做的午餐篮……一旦需要买一些料理用具，我就会去合羽桥[2]的工具街。每次去必有目的，一旦目的达成，只要时间允许，就会在道两旁的店里流连徘徊，顺带看看有什么其他可用之物。烹饪用具上，我对人家常提及的方便小道具不太感兴趣。真是自己想要用的话，就要有这么一件用起来顺手的东西。本着这种想法，总会找到一两件这样的东西。

这只有孔的大勺，我称之为"漏勺"。如此大的勺面（315 毫米 × 102 毫米），自有它大的道理。

煮好的青菜、意大利面，用笊篱来捞，有些小题大做。想把各种（少量）青菜都放在一个锅里，按时间差煮的时候，用这个盛，就非常顺手。尺寸不大不小便于使用，让人叹服。我开始用时，只是觉得还凑合，可用着用着，就爱不释手了。

拍摄往往是很花时间的，用漏勺来备料，极其省事。旁边观看的人总是感叹："太方便了！""这个在哪里买的？"不可否认，这个漏勺多少还有些普通，但这么方便的厨具，的确不可或缺。

* * * * *

1　帕玛森奶酪：Parmigiano Reggiano，意大利最具代表性的一种奶酪。
2　合羽桥：地处东京都台东区西浅草的松之谷地区，集器食、食材、烹饪用具、食品样品、烹饪服装、包装材料等等产品的销售于一体，为餐饮用具批发一条街，也是日本最大的餐饮用具一条街。

① 章鱼切薄片。土豆去皮，切为八等分。待土豆煮得稍软后，放入章鱼，迅速焯一下。控水后，小火加热，挥发水分。香菜切碎。

② 不锈钢盆里放入黄芥末、柠檬汁、橄榄油，充分搅拌好。加入①及千金子，撒粗盐、黑胡椒粉，在不锈钢盆里充分翻搅，让它们整体融合在一起。

材料
二人份 ＼

章鱼（焯过）................150 克
土豆 ....两个
香菜 ....两根
千金子 ....两小勺
棋牌古典黄芥末 ....两小勺
柠檬汁 ....一大勺
橄榄油 ....大勺一勺半
粗盐、黑胡椒粉 ....适量

章鱼土豆沙拉

不锈钢盆和笊篱

开办料理教室时，我置办了些新的不锈钢盆和笊篱。因为量多，购买前首先需要考虑的是要按"成套"的买，还要按"同系列"的置备。这样，不但用起来方便，收纳时也很紧凑，干干净净，整整齐齐。这点其实很重要，不仅要使用方便，还要便于收纳，不然很占地方。

厨房的活计，让人感到无论大盆、小盆，还是中间尺寸的盆，缺一不可。用大盆来代替，或是用小盆将就，只会降低工作效率。盆里倒进沙拉酱和西洋醋，混在一起的调料一次次打在盆壁上，味道慢慢中和。盆选对了尺寸，用时就极易上手，可以直接提高效率。

这次我置备的盆和笊篱，每套三种尺寸，选的是不锈钢材质。盆壁带有刻度，汤汁类的分量就可以一目了然，有了这个功能，使用起来也出乎意料地方便。

而笊篱上的网，疏密程度恰到好处，想要渗沥东西，也极为方便。结构上并无多余的支撑和脚架，只有编织在上面的网眼，清洗起来极其简单。底面做了一个向上凸的处理，这样东西放在台面上，不会直接贴底，非常干净。一切都考虑得无微不至，善解人意。

材料
适量

●

竹荚鱼（生鱼片用）...................... 一大条
A：醋 .... 80 毫升
　蔗糖 .... 两小勺
　淡口酱油 .... 半小勺
　盐 .... 1/6 小勺
紫洋葱 .... 1/3 个
香菜叶 .... 适量

腌竹荚鱼

① 网状平底盘放于平底方盘上，取三片竹荚鱼放置于上，均匀撒盐（材料外的量）。
② A 倒入小锅，稍煮一下，放冷却。
③ 紫洋葱切薄片。
④ 在深方盘中倒入②。加入控去水分的竹荚鱼和③。盖上盖子，放入冰箱搁置两小时浸味。
⑤ 去掉竹荚鱼的皮与骨，切成入口大小，撒上紫洋葱和香菜叶。

平
底
方
盘
套
装

　　不同尺寸的平底方盘，我有好几个，都仅在工作时使用。可一直没有特别喜欢的，总想着要有一个好用的平底方盘，事情就这么拖了好久。

　　厨房翻新后，重新审视了一番厨具，这时，平底方盘突然出现了。这只不锈钢平底方盘，已经被磨得锃亮。原本是长方形，现在有了些弧度，感觉总是放不稳。

　　我看了很多店后，总算找到了中意的平底方盘。这是最基础的一款，是料理家有元叶子开发的系列产品。拿过来一看，手感极好。虽说也是不锈钢材质，但做了无光处理，非常轻快。拿在手上的轻重，以及拿到时心情上的爽快，让我真想马上就用着试试。

　　和平底方盘同尺寸的薄款盘盖，以及同样形状的网状平底盘这里都有。我当机立断，一起买下来，以见证一下它的优势！一用之后，不禁感叹：不愧是大师的作品。备料时，盘盖可以用来盛东西，权当薄款的平底方盘用。加上它本身就是深底平底盘的盖子，食材放入冰箱保存时，这套组合更是好用得无与伦比。盘子的深度相当合适，放上带汁的腌泡菜或是凉拌菜，也不用担心洒出来。鱼上撒了盐腌渍，或是刚焯好的蔬菜要晾一下时，网状平底盘就会显出其方便了。

　　到底什么才是用后的惬意感呢？可以说是拿到手上那一瞬间的自在。这比什么都重要，也是我在不知不觉中，伸手拿来就用的理由。

① 扁豆、油菜一切为二。荷兰豆去丝。

② 水沸后，扁豆煮三四分钟，油菜煮二三分钟，荷兰豆迅速焯好捞起，摊于筛子上，放在凉快的地方，很快就会降温。

③ 淡口酱油及盐放入鲣鱼高汤中调和好。倒入②后放进冰箱搁置二三小时浸味。

拌凉菜

材料
二~三人份
●

扁豆 .... 12 根
油菜 .... 1/2 把
荷兰豆 .... 12 片
鲣鱼高汤 .... 100 毫升
淡口酱油 .... 两小勺
盐 .... 少许

筛子

以前的工具，做出来都有一定的道理。那个时代，物资没有现在这么丰富，更没有这么方便。而到如今我们仍旧在使用的那些，一定有其存在下来的理由。

这么说来，我就有这样一个竹筛子。其实以往也没常用，直到最近，我才重新认识了它的价值。以前母亲、外祖母，都一直在用，而我之前则是拿笊篱取代了它的一切功能。

说取代，是因为从用途上讲，我一直把筛子和笊篱混为一谈。可以说我也是刚刚明白其中奥秘：笊篱和筛子绝对不是一回事。筛子的好处，是可以把刚捞上来的东西，或是要控水的材料，摊在上面。摊开来放东西，正是筛子的最大用处。

一般来说，焯好的菜为了保持颜色清亮，会在水里泡一下，但我很少这么做。焯好的菜马上倒在筛子上，菜很快就能冷却，没有必要放到水里去凉了。换成普通的笊篱，会怎么样呢？菜会堆叠在一起，不但难以冷却，水分也很难控干净。要想短时间把焯好的菜冷却，或是控干水分，那只有靠筛子了。

尺寸小些的，可以把焯好后的荷兰豆、扁豆盛在上面。菠菜一类的青菜可以用尺寸大些的。另外像蘑菇、萝卜这种要晒成干的菜，用尺寸大的也会很方便。备上两种尺寸的筛子，就万事不难了。

用完后，务必记得立在窗边晾干。

葱花饼

材料
一张饼

●

低筋面粉 180克
温水 100毫升
火腿 .... 两片
小葱 .... 三根
粗盐 .... 半小勺
芝麻油 .... 一大勺
苦椒酱或酱油 .... 适量

① 火腿和小葱切碎。
② 低筋面粉放进盆里，倒入温水，用筷子搅拌，直至没有粉粒。
③ 面板上撒面粉（低筋面粉，材料外的量），②放置于上，用力把面揉成团。把盆倒扣在揉成的面团上，饧十分钟。
④ 面板及擀面棍上布层面粉，③放置于面板上，擀成薄面皮，把一小勺芝麻油用手涂于面皮上，撒上①和粗盐。
⑤ 把面皮从自己这侧卷起，卷成棒状，再由两侧往中心卷成旋涡状。卷好后压紧。
⑥ 用擀面棍把⑤压扁，擀成饼状。
⑦ 余下的芝麻油放进锅中烧热，⑥置锅中，盖盖中火烤五分钟。要常转动一下锅，以防烤焦。同样，翻面再烤五分钟。
⑧ 切开。可以按自己喜好，蘸苦椒酱或酱油吃。

面板

做面包，揉面是关键。做意大利面要用面团，做点心也得用面胚子。凡用到面粉，都离不开面板。当然，用普通的菜板，也并非不可以，但效率不高。揉面团需要撒上薄薄的面粉来展开，没有一定的面积，就不够方便。

之前用过好几块，有那么一块总弄得人心情焦躁。擀面团时，不仅手上用力，还要压上体重，尽量把面团展开，可那块板却老是动。为了防止面板移动，下面垫了一块湿毛巾，但也丝毫不起作用。怎么解决呢？一位料理同行，用的是宜家面板，这块板好用得简直没话说。面板靠自己这一侧，有个翻折，可以用作固定。朋友一边揉面一边说："这块板特别好用。"我也想要一块！次日，就动身去购了来。

这块面板即便不垫湿毛巾，再怎么用力，也不会动！这种创意产品，真让人赞叹，揉面时的焦虑就此消除。

可用了段时间，发现了问题。木头翘了起来，翻个面就没法用了。嗨，翘就翘吧，比起那种焦虑的情绪，这还是能接受的。

作为囤货，之后我又买了一块。

莲藕汤

材料
二~三人份
●

鲣鱼高汤 .... 400 毫升
莲藕 .... 180 克
盐 .... 适量
小葱 .... 适量
芝麻油 .... 一小勺

① 莲藕去皮用醋（材料外的量）泡。芝麻油放入锅中加热，倒入鲣鱼高汤，中火加热。
② 加入搓成末的莲藕，加热，直至呈薄薄的稠状。放盐调味。撒上切碎的小葱花。

野田珐琅的白色系列，从容器到托盘，各种形状、各种尺寸，我都用过。用起来不仅方便，还极其洁净，自有其独到之处。

野田珐琅产品，在设计制造上，考虑得极其周全。上自总经理夫人，下到小户人家的新媳妇，一切均从主妇的角度出发，想着她们要的是什么，用什么尺寸最顺手，不断的实验、对比，令人感叹。真正用过之后，不禁让人心折首肯。它们被制作得如此贴心，以至于在我的厨具里，使用频率竟是最高的。

长方形的容器，有深有浅，圆形的也是如此。我听总经理夫人说过，小圆盘"放剩下的火腿最合适"。每当我要把剩火腿收起来时，就会毫不犹豫地拿起这个小圆盘。不假思索拿来就用，正说明它的好用。

还有一个圆形器皿，也是我随手拿来就用的。这是一件圆筒形的容器。用剩的调料、煮多的汤汁，放进里面很方便。就连用过的油，我也会放在里面保存。汁液放进长方形容器保存，很容易洒出来，而放到圆筒形容器，则不必有此担心。有时要分给别人时，容器里又有内盖，使用就很踏实。圆形容器里的液汁，再怎么晃荡，也不会像在有棱有角的容器里那样容易洒出来。

那位告诉我宜家面板好用的料理同行，看到这个圆筒形容器，反过来夸我说："这个真不错！"

这个容器，在我家几乎没片刻空闲，太让人踏实了。

材料
二~三人份

鲣鱼（刺身用）............. 1/4 条
白萝卜 .... 1/8 根
黄瓜 .... 1/2 根
紫苏穗 .... 适量
醋 .... 一大勺
粗盐 .... 适量
橄榄油 .... 适量

① 鲣鱼表面用大火烤过，迅速放入冰水中，拿出后晾干水分。切厚片。
② 白萝卜、黄瓜，用木质刨刀擦成泥，同醋混拌。
③ 盘中摆放好①，整体撒上粗盐，撒上②及紫苏穗，全面浇上橄榄油。

木
质
刨
刀

　　木质刨刀实在是一件好东西。同样的萝卜泥，用不锈钢磨泥器擦出的与用木质刨刀磨出的，完全不一样。萝卜泥不仅可以用来点缀主菜，还可以直接吃。此番解释，是否能传达出木质刨刀的魅力呢。

　　木质刨刀，最初是在一间荞麦店里听说的。凉凉的荞麦面，旁边点缀了一垛用木质刨刀擦出的时令萝卜泥，口味微甘辛，饱含水分，与爽滑的荞麦面一起，堪称绝配。"咦，这个不错哦。"吃在嘴里，心下感叹着。

　　可木质刨刀，又是何物？那时我还未曾听说过。查找之下才得知，这是从古时沿用下来的工具，样式极其简朴。木质刨刀就是这样：粗陋，简单。

　　有了之后又怎样？我会用木质刨刀来擦萝卜泥。这样一来，之前只能做点缀用的萝卜泥，转而成为主角，有了自己一席之地。其他东西也能研磨吗？当然，不光是白萝卜，黄瓜、胡萝卜，还有纤维很多的芹菜，都可以用这个来处理。这些都能用木质刨刀做成沙拉，装点在烤鱼或是醋烧鱼上，成为一道靓丽的主菜。因为用这个不会出很多水分，做鲣鱼刺身时，就可以放心地把用木质刨刀擦出的萝卜泥和黄瓜泥放在上面。看上去量又多，又很清爽。这是我近来很中意的一种吃法。

　　用木质刨刀擦出的萝卜泥，放在白鱼[1]料理上，也是一道可口的副菜，完全可以满足你对口感的要求。很多菜都可以用木质刨刀处理，不妨来试试。

　　＊＊＊＊＊

1　白鱼：像海蜓、沙丁鱼、银针鱼、鳗鱼、青鱼一类，没有过多体色素的白色仔鱼的统称。

牛油果吐司

材料
二人份
●

牛油果 .... 半个
面包 .... 两片（稍带咸味）
黄油 .... 适量
粗盐 .... 适量
香草（自己喜欢的）................... 适量
橄榄油 .... 适量

① 篦子用中到大火加热，把想吃的面包放在上面，两面均烤出焦状。
② 趁热抹上黄油，把用勺子挖去核的牛油果，置于其上。
③ 撒上香草和盐，橄榄油撒匀。

烧烤笸子

　　我喜欢把面包烤到有些焦，很脆、很可口。用烤箱可以烤出硬边，可面包整体均匀受热，水分过于流失，烤出的面包好像很干。诚然这样也很好吃。倘使面包保留住该松软的地方，只把边缘烤出焦煳状，那才是最理想的。

　　面对如此要求，烧烤笸子就有了用武之地。面包离火有些距离，周边虽烤焦，里面松软部分，水分依旧保留得住。这样的做法，唯有笸子才能胜任。

　　烤年糕，我也会用笸子。年糕的周边烤出焦状，而中间部分却鼓鼓胀胀，蘸上酱油咬一口，香味扑鼻，竟是如此好吃！

　　到了冬天，切成薄片的大萝卜放在笸子上烤过后，可以做成沙拉。萝卜上烤出了笸子的网纹，与柿饼、蓝纹奶酪调制在一起，烤过的香味自成一味，变成调味料的一部分。

　　比起烤箱来，虽说要多花些时间，但面包和年糕只需简单一烤，就可带给你理想的烘烤口感。

　　用笸子烤出的面包香味扑鼻，再涂上满满一层牛油果，就是我的至爱。笸子仅可用来烤面包和年糕，有什么需要烤，它都可以派上用场。烤海苔、烤腌鱼、烤酒糟板。烤出的香味，异乎寻常。用笸子直接烘烤，食材的香味和口感独特，不妨亲自体验一下吧。

美国樱桃蜜饯

材料
适量
●

美国樱桃 .... 250 克
红葡萄酒 .... 100 毫升
水 .... 100 毫升
细砂糖 .... 40 克
肉桂棒 .... 1/4 根

① 用去核器去掉美国樱桃的核。
② 锅中放入红酒、水、细砂糖、肉桂棒，中火加热，液体滚开后，不停搅拌，让砂糖熔化。
③ 加入①小火煮五分钟。关火，冷却。

※ 等温度完全冷却后，倒进容器，放入冰箱保存。
※ 可加些奶油或蜂蜜，以增甜味。

去核器

　　小时候最爱吃樱桃。总是期待樱桃季节的到来！张开嘴，大口大口吃，有多少吃多少，最后总是以肚子疼收场……那时不像现在，市面上还没有美国大樱桃。初见之下，不免被美国大樱桃的暗红色震撼，曾经这样疑惑过，这难道和我大爱的樱桃同宗同种吗？

　　从事料理工作后，无论是做餐食还是点心，方才知道美国樱桃的魅力所在。当然直接吃就很好，但过一下火，与其他食材一起加工做出的味道，更独具特色。

　　而此时，最有用的，恐怕是去核器了。嗯……专用的工具，应该有此一件吧？也许你会想，在特定季节为樱桃独用的工具，能用的时节真的只有这么一小段时光。

　　但是，有没有，却大不一样。没有去核器，拿小刀在中间切缝，也可以把核给挖出来。那我们来试着做一下红酒樱桃吧。做一次，手指就给染红了。而用上去核器，就可以很快去掉所有的核，樱桃也尚完整。你会乐在其中，不想罢手，只想去掉更多的核。

　　其实我有一件去核器，也是最近的事。每到樱桃季，总是想"啊，要是有个去核器就好了，应该买一个"。没有，会很麻烦。就这样优柔寡断地过了好几年。现在我下定了决心！"虽说没有去核器，不会麻烦到哪里，但有了，让人很开心。"

77

① 牛肉在常温下解冻，整体撒上粗盐、大蒜、黑胡椒。土豆洗干净，切为六至八块。烤箱温度预热170℃。

② 大火把锅烧热，倒入橄榄油，放牛肉翻炒至变色。

③ 把②置于铝箔或烤盘上，土豆摆在周围。测肉温度计插于中心，温度到52~56℃左右，烤制一个小时。

④ 用铝箔包住③，浸味二十分钟以上。

※ 肉也可以切薄片，与土豆一起烹制，撒上细香葱。

烤牛肉

材料
适量
●

牛肉块（牛腿）.............800克~1000克
大蒜（捣碎）...........................一瓣
土豆...................................两个
细香葱...............................适量
粗盐.................................一小勺
黑胡椒...............................适量
橄榄油...............................一大勺

测
肉
温
度
计

如无则罢，有了会很方便。这就是一件工具的使命吗？

测肉温度计就是其中一件。在烧成块的肉时，要经过多次反复，才能记住那种感觉；用烤箱做，即便设定同样温度，可因每块肉大小的不同，还是无法烧出同样的味道，很是头疼。

完全靠火候来控制，火大了，肉质会变硬，这种情况我已经历过多次。小心翼翼地捻小火来烧，可里面的肉却还是红的，没烧熟，又要重新来过。就这样翻来覆去地来回调试。

总是不能把成块的肉烧得很完美，需不断反复操作。这样，唯有依赖专用工具了。

这个工具，就是测肉温度计。

把温度计插进肉的中心部分，可以看到指针慢慢转动起来。烤牛肉的话，按刻度，可以做出三分熟、五分熟和全熟；猪肉的话，也有相应度数表示，用起来非常方便。不要以为在烤箱里放了很长时间，肉的中心部位就已达到高温，温度是慢慢上去的。要想做成相当火候，温度计就是一件重要的工具。有时完全依靠工具，就能做出一道美味。不妨说，这是捷径之一。

招待客人时，用烤箱烤牛肉、猪肉或整只鸡，你可以完全放心，它会为你的备餐增添很多的乐趣。

① 鸡蛋打碎放调味料，加鲣鱼高汤调好后，过滤。

② 煎蛋锅充分加热，倒入芝麻油整体抹匀，余油放到小碟中待用。

③ 盛一满勺蛋液倒入锅中，整体布匀。

④ 蛋液稍有凝固状，从远离自己的一端慢慢卷起。把鸡蛋挪到锅的另一侧。

⑤ 刚才余下的油，可以再加进一些，用厨房纸巾擦一下，让锅里全面沾上油，如上面步骤，
  倒入同样蛋液，锅另一侧卷好的蛋下也要倒入蛋液，再从另一侧向自己这边慢慢卷起。
  如此重复。

⑥ 切成易咬的大小，点缀上萝卜泥和红蓼。

煎 蛋 卷

材料
鸡蛋卷一根

鸡蛋 .... 五个

鲣鱼汁 ....100 毫升

蔗糖 ....两小勺

酒 ....一小勺

淡口酱油 ....2/3 小勺

盐 ....少许

芝麻油 ....一大勺

萝卜泥、红蓼 ....适量

煎
蛋
锅

　　每次开运动会，母亲总会做一个厚厚的煎蛋卷。煎出的鸡蛋色泽诱人，有些微甜。母亲在鸡蛋刚煎好时，会把边角切掉，我总站在一旁观看。

　　热乎乎刚煎好的鸡蛋卷，不是很好吃吗？的确，我非常喜欢。母亲说过，煎蛋锅不要洗，用完后，用干净的抹布，蘸油整个擦一遍。看上去简直像没有收拾过一样，黑黝黝的……可是，这样好像更好。

　　离开家时，从母亲那里继承了很多料理用具，中式蒸笼、铜锅、铁锅等等。她说："以后你那里需要用的。"这些让我倍感亲切的用具，是我已经用惯了的，母亲的意思是想让我继续使用，都转让给了我。其实，我很想要煎蛋锅的，可母亲至今还在使用，我只好忍住不言，买了同样一个"有次"牌的新锅。

　　问母亲厚鸡蛋卷如何煎，母亲回答道："嗯，我做的时候很随意。倒点儿酒（好像是根据酒倒进去的秒数来计算），也就这样吧。酱油也就那些，就这么简单。"咦，母亲做的厚鸡蛋卷，从小吃到现在，味道一直没变？真是这么随意做出来的吗？问她红烧的做法，答案也是一样（根据放进调味料后的声音，来感觉时间）。

　　仅凭感觉，总能做出同样的味道来，这一定是反复做过多次后才行。我决定也要用自己新买的煎蛋锅，练着做出"同样的味道"。

① 莲藕、红薯、山药带皮切为 1.5 厘米厚的圆片。大蒜稍微捣碎。鸡胸肉均匀地划几刀。
② 厚底锅倒入橄榄油，放蒜，油锅热后鸡皮朝下，一面煎好后，翻面再煎。煎好取出。
③ 加入根茎菜、②的鸡肉、小叶薄荷、白葡萄酒、红葡萄酒醋、黄油、粗盐、黑胡椒粉，盖盖大火烧三四分钟，直接放入保温棉罩，盖上保温罩的盖子。不用动放置四十五分钟。
④ 鸡肉切成容易入口的大小，与根茎菜一起摆入盘中。

材料
二人份

鸡胸肉 .... 一块
莲藕 .... 80 克
红薯 .... 半根
山药 .... 6 厘米
大蒜 .... 半头
小叶薄荷 .... 两根
黄油 .... 15 克
橄榄油 .... 一大勺
白葡萄酒 .... 一大勺
红葡萄酒醋 .... 一大勺
粗盐、黑胡椒粉 .... 适量

香蒸鸡肉莲藕

保温棉罩

　　提起厨房用具，嗯……我能想到的，必定是柔软，外形还显得可爱的，就是那个保温棉罩，Cristel 可利锅专用的保温工具。2011 年地震时，经营料理用具、餐具、食材等业务的 Cherry Terrace[1] 店的代表人物井手樱子提出："尽量避免使用火和电，又要能吃到可口的饭菜。"以此为重任，开发出了这款产品。

　　保温工具我有很多，但很少去用。主要认为作为保温用的容器，最该考虑的是如何"隐形"。总觉得这样一件东西摆在厨房里，实属碍事。但保温棉罩，颠覆了我以往对保温工具的观点。看到这件东西，不禁动心，要不要试一试呢？正因是棉罩，所以很轻。锅体与棉罩形状相似，只是尺寸不同，因此可以像套锅一样来收纳。

　　这个保温棉罩，在煮根茎菜、大块肉、各种豆类，以及用少量水蒸煮就能膨胀起来的食物时，可以发挥很大的作用。切成大块的根茎菜，保温后，湿润润、热腾腾的。竹签扎下的那一瞬间，不禁让人感动。而鸡腿肉要想炖烂，往往需要花很长时间，但如果做好保温，酥软的口感与一直加热炖出的肉质完全不同，肉汤也很清澈。有时如果预计晚上会晚回的话，可以早晨先加热好，放入棉罩保温，待回到家，已是一道可口的菜肴了，一切都让你很省心。说它是一件极致好用的料理工具，也许毫不为过。

＊＊＊＊＊

1　Cherry Terrace：成立于 1983 年，主要经营料理用具、餐桌用具、食材等的策划、开发、进口、销售业务。

番茄西葫芦黑胡椒 Carpaccio¹

西葫芦 .... 半根
圣女果（黄色、红色）...... 各两个
番茄 .... 一个
帕尔玛干酪 .... 10 克
橄榄油 .... 一大勺
黑胡椒 .... 适量

① 西葫芦切圆片，过冷水。水倒掉，用厨房纸巾吸干水分。番茄切薄片。
② 把①平铺，撒上切为薄片的帕尔玛干酪、粗盐，均匀浇上橄榄油。
③ 尽量多地磨一些黑胡椒。

胡椒研磨器

　　单手操作的胡椒研磨器多方便呀。做肉饼时，搅过肉的手，要洗了才能磨胡椒，但现在不用那么麻烦，一只手就能操作；煮汤时，掀开盖子，咔嚓咔嚓一只手就可以把胡椒磨好。

　　一般质朴的胡椒研磨器，总要两手来操作。而一只手就可以操作的电动研磨器，真是很少见。以前爱用的一款单手研磨器停产了，非常遗憾，之后就一直没有找到过。这个简朴的单手胡椒研磨器，是我先生在夏威夷威廉·索拿马[2]找到的。估计他记得我总是念叨"什么时候才能有个单手操作的研磨器呢"，买回来作为礼物送我。

　　威廉·索拿马很久前就进入了日本，是我非常喜欢的一家店。可惜后来关张了。真希望这种厨具专卖店能够再次复活。相信店里的品类，一定会齐全得细致入微。能有这么一家店开在近旁，会让人踏实很多，真的是非常方便。

　　对了，我们在说胡椒研磨器的事情。两手磨胡椒的那种研磨器（在这只研磨器之前买的）我也用过，但烹饪时，要想随时腾出手，还是要靠这种单手研磨器。再怎么说，烹饪最重要的是步骤顺畅，动作麻利。

　　有一个胡椒研磨器，会非常方便。不要一开始就磨，在最后完工的时候，一粒一粒的胡椒，咔嚓咔嚓磨碎，散发出香味，会令人胃口大开。

　　＊＊＊＊＊

1　Carpaccio：意大利料理的一种。牛肉或鱼生切薄片，撒以橄榄油和香料调制而成。因擅用红白两色而得名。
2　威廉·索拿马：Williams-Sonoma，成立于 1956 年的美国家居巨头，高品质家居用品的专业零售商、邮购商和电商。

材料
二人份

白兰瓜（熟透）............................ 半个
新姜 .... 两块（每块为拇指上半段大小）
蜂蜜 .... 两小勺
薄荷叶 .... 八片

白兰瓜薄荷汁

① 白兰瓜去皮去瓤，切为入口大小。姜去皮，切大块。
② 把①、蜂蜜、薄荷叶一同放入 Vitamix 破壁机，打至细滑。

Vitamix 破壁机

料理机已经旧了，正打算购置一台新机器。Vitamix 破壁机威力超强的评价不绝于耳，既然如此，不妨亲自体会一下它的威力吧，于是就打定了主意。

这台机器，说是连牛油果的核都可以打碎！太可怕了，没敢尝试。我以为冰块要比牛油果核软，可是碎冰时发出的声响和强烈的振动，亦足以让人望而却步。到底是美国货呀，机器个头就很大，声音也很响，每次我总是战战兢兢地慢慢加料，小心操作，但还是觉得对于日本厨房来说，这台机器有些大材小用。

不过，倒是仰仗着它强大的功率，可以做出很细软的浓汤、冰果露，液体浓稠细滑，是一般料理机做不到的，这倒的确让人点头称赞。

要做玉米、白菜、芜菁浓汤时，用破壁机打出来，纤维毫无残留，口感细腻柔滑。特别是做出的白菜浓汤，因白菜本身纤维多，含水多，对比一下用普通料理机处理的效果，差别一目了然。常听人反映："那道白菜浓汤很好喝，自己在家也尝试着去做，可完全不一样……"食物里像饱含了空气，松软嫩滑，唯有 Vitamix 才能做出这样的口感。

要说这台机器的功能，也只是强而有力，比其他多了许多繁杂功能的机器要简单，这一点还是不错的！或许我有些小题大做了，但它强大的功率的确是首屈一指的。

① 用厨房纸巾包住豆腐，吸干水分。木耳泡水发好。豌豆去筋。

② 锅中水煮沸，分别倒入木耳及豌豆，各煮两分钟左右，捞起置于筛子上冷却。豌豆斜切为二。

③ 白芝麻放入小锅中弱火炒，用料理棒打为酱。

④ ①的豆腐置于盆中，用木饭板磨碎，加入③的芝麻酱及调味料，搅拌至完全润滑为止。

⑤ 木耳和豌豆倒入④中，充分拌匀。

材料
适量
●

干木耳 .... 7 克
豌豆 .... 8 棵
绢豆腐 .... 150 克
白芝麻 .... 50 克
蔗糖 .... 半小勺
淡口酱油 .... 一小勺半
盐 .... 少许

白芝麻凉拌木耳

料理棒

在我所有工具里，这个可以算是用的时间最长、最爱用的一件了。虽说不是每天都用，但少了它，会很麻烦。

料理棒虽不像料理机那样大功率，但有时，少量东西要打成糊，或需要在锅里搅拌时，就能发挥出其极大的优势。

这种工具收起来，或是不用时，可以搁在顺手可及之处。尺寸的大小，恰好适合厨房格局。蔬菜打泥，鱼、肉做馅，料理的方式多种多样，菜品的颜色也搭配得丰富多彩。

之前我都是在市场上买芝麻酱，有了这个料理棒，喷香的芝麻酱自己就可以磨出来。炒芝麻、芝麻粉、芝麻酱，都是些常备用品。只要备上炒芝麻，一切都可以搞定。芝麻粉，就是做芝麻酱前的一个步骤。

为什么以前一直没做呢？芝麻酱做起来如此的简单，尤其是刚磨好的芝麻味，喷香扑鼻。凉拌菜自然会用，做白芝麻拌菜时，首先就得用料理棒打出芝麻酱，用来调理菜品。

此外，早晨的果汁、点心，还有做好备在那里的菜肴等，只要能灵活掌握机器的附加功能，就可以派上用场。冰箱里剩下的零星菜叶，周末可以做蔬菜浓汤，用上搅拌棒把锅里的汤搅稠，再方便不过了。

料理棒如此的轻便，再过多少年，也仍像可以一直相处的伙伴。

我喜爱的食材

干货梅子饭

材料
适量
●

大米 .... 1.5 杯
鱼干 .... 一张
梅子 .... 两个
白芝麻 .... 一大勺
小葱 .... 一把

① 大米淘好，水倒干，加入与米同量的水浸泡，煮饭。
② 鱼干烤香，去皮去骨，鱼肉打散。
③ 盛饭木桶里加入焖好的①的米饭、②的鱼肉、白芝麻、打散的梅子、切碎的小葱，充
　分拌匀。

※ 手上稍微粘些盐，握成盐饭团。

大米

　　刚煮好的白米饭，怎么就这么好吃呢。用好大米煮出的米饭，如此简单，却是如此美味。新蒸好的米饭，做成盐饭团，可以让我吃不停口。热乎乎、松软的盐饭团，带给人的感觉竟是如此奢华。啊，真想马上吃一个。我有很多料理同行都非常喜欢盐饭团。这种简朴的美味，真不同凡响，让人不禁暗自叹服。

　　种大米的农家，关照我有近十年了。他们对稻米付出了无限热诚，一直勤勤恳恳耕作在山形县庄内的井上农场里。初次去庄内，早饭吃的盐饭团，就是用井上农场的大米做成的，粒粒饱满，颗颗晶亮，太好吃了。这里最具代表的"艳姬米"，没有太过软糯，水分适宜，正如同它的名字，光润娇艳。我本就喜欢"艳姬米"独有的口感，而井上农场特别栽培的"艳姬米"，更是非同凡响，让人惊讶。即便吃了这么多年，我也从未吃腻。

　　大米还让我和井上农场的老妈妈加深了情谊，这也成了我的一个期盼。每次在电话那边，都可以听到她慈祥的声音："最近怎么样？过得还好吗？"和大米一起，她总会寄来一些柿子、小油菜、番茄，感觉真像妈妈一样。虽说很难见面，可每当收到大米时，好像生活在东京的我，也一起收到了一份说不出的安慰。大米吃在嘴里，让人浑身充满了活力，倍感舒服。

　　偶尔有些早晨，我会把干货、梅子等一起加在饭里。晨间得尝这美味佳肴，幸福满满。

材料
二人份

●

Divella 牌意大利面（长）...............180 克
水煮番茄酱（瓶装）...................400 毫升
橄榄油 ....两大勺
大蒜 ....半头
粗盐、黑胡椒粉 ....适量

① 锅里放满水煮沸，加入适量粗盐煮意大利面。
② 另一只锅放入一勺半橄榄油，大蒜轻捣后入锅烧热，加入水煮番茄酱。加入两大勺①
　 的水，让盐味充分融和，盖锅盖，中小火煮。
③ 加入①的意面，关火调制味道。
④ 把③盛入加热好的盘中，剩余橄榄油浇于其上，撒胡椒粉。

意大利面

意大利面我一直爱吃。每次总是纠结吃长的还是短的。当然，一切都与酱料的搭配有关。先选面，还是先选酱，总是困扰着我。

不过好不容易吃一次意大利面，脑子里首先浮现出来的总是叉子一圈圈卷起的面，因而自然便倾向于吃长意大利面。

长意大利面，我比较偏爱表面光滑的粗面。浇上油和番茄酱，简单而好吃。舌尖的触感以及吞咽的顺畅，与光滑的意大利面极其贴合。前几天去了现在极富人气的"意大利人家"，他们的面要煮二十分钟，用的是非常粗的长意大利面，浇上浓厚的鸡蛋酱汁，好吃得让人倍感惊艳。就这么一碗长意大利面，又一次让我为它的魅力而倾倒。

而说到短意大利面，酱汁的选择，会直接影响到面的形状，但我又不可能把所有的种类都买回来。最近我喜欢上了与各种酱汁都能搭配上的塞塔龙牌弯管面。把西葫芦或西兰花煮烂，做成稠糊酱浇在上面，这种浓厚的酱汁与弯管面简直是绝配。舌尖不仅能够充分体会到面的本味，还可以感受到表面粗糙而不是光滑的颗粒质感。我在家附近的意大利食品店看到这种面以后，就一直用这个牌子。同一品牌的粗环形意面，搭配用萤鱿和小番茄做出的酱汁，也非常好吃。

意大利面吃的不仅是酱汁，面本身的味道也极重要。

材料
适量

●

黄瓜 · 一根
茄子 · 一根
茗荷 · 一棵
秋葵 · 四棵
绿紫苏 · 四张
辣椒粉 · 少许
海带鲣鱼高汤 · · · · · · · · 60毫升（海带3厘米见方）
盐 · 适量

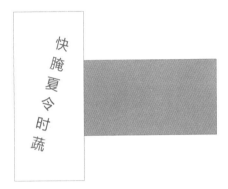

快腌夏令时蔬

① 做完海带鲣鱼高汤的海带，用厨房专用剪或刀切成细丝。
② 秋葵用盐揉一下，热水煮两分钟，过凉水，切细丝。其他蔬菜依法切细丝。
③ 把①②合在一起，放入辣椒粉、海带鲣鱼高汤、盐，拌匀。

※ 盖在刚焖好的米饭，或荞麦面、素面等上面。

高汤

　　锅里放进海带,把水煮沸,加入足量的干鲣鱼片。厨房弥漫着干鲣鱼的香味,很吊人胃口。吃锅子之前,我不禁深深地吸进一口香气。高汤可以煮得浓厚,也可清淡。这就是料理,循季节而变换。料理的根本在高汤。精心调制的高汤,不用说,自然比马马虎虎做出的味道要更好。看似简单的操作,更应该认真地去做。

　　干鲣鱼片,自是新鲜的好,一次用不完,可放进冰箱冷冻保存。干鲣鱼片是不会冻住的,想用多少,可以随时拿出多少。我总是用筑地"伏高"家的干鲣鱼,每当去筑地办事时,就会顺路买一些。这家卖干鲣鱼的店,是十年前教我收拾鱼的老师指点给我的。刚买来的干鲣鱼直接就可以吃,一边做着高汤,一边咔嚓咔嚓就吃起来了……我常是边做边吃。

　　海带是从奥井海生堂买的。常用的是一次就可以用完的小包装。海带非常干净,用来做汤汁有些可惜,有时想做海带卷生鱼时也会拿来用。这种平展的海带,怎么用都很方便。

　　用足量的海带和干鲣鱼调制出的高汤,格外入味。好味道自然已是定数,仅有这些就足够美味了。做了汤汁,剩下的干鲣鱼片依然是那么好吃,可以用来做拌饭料,也可以做成梅子味干鲣鱼。海带则可与茄子、黄瓜一类的夏季蔬菜一起切成细丝,腌好,就着刚焖好的米饭或素面一起吃。

粗盐炸土豆

① 清洗干净小土豆皮，沥干。
② 锅中倒入油，油量到刚好没过小土豆一半的位置，加热至中温，煎炸①，直至用竹签可一下穿透。火加大，用高温炸至焦脆。
③ 油控干，撒粗盐，撒上切碎的莳萝。

材料
二～三人份
●

小土豆 .... 12~14 个
粗盐 .... 适量
食用油 .... 适量（香油或橄榄油）
莳萝 .... 适量

粗盐和细盐

因我对盐很感兴趣，做过一些尝试。比如出去旅行，无论是国内还是国外，都会在当地买些特色的东西。有些地方食品偏咸，有些地方又很甜，各具地域特色。也许这与盐的制法有关，颗粒大小的不同，用途上也相应有很多改变。

说实话，要在菜谱里清楚地标上加盐几小勺，确实很难。用的盐不同，有时做出的菜咸淡差异很大，这很难避免。即便这样，还是需要标出大致的量。经常有人提出，没有标准，量很难掌控。其实不仅是盐，菜谱里标注的量，都是一个参考值，仅为提示。要用自己的舌尖来调味，找到适合自己的咸淡。

话有些跑题。总之，我们应该把粗盐和细盐区分使用。想要把食材的味道调出来，最好用粗盐；而最后的上味阶段，细盐又较易溶化。一切要看想做出什么样的成品。舌尖上想要留下咸味的感觉，就用粗盐吧。

用盐的时候，要加以区分。调味料虽然只一款，多少也可以起到提味作用。料理教室使用的基础盐，是鹿儿岛加计吕麻岛的粗盐。一次做杂志采访时，我去了加计吕麻岛，清澈的海水着实让人惊讶，那是一种明艳的宝石蓝。海边，偶遇一位正在制盐的人，他详细给我介绍了制盐过程。每当想起那片海的颜色，美味的食盐更是有了一丝甘甜，好像更能让人感受到一种美味。食材选自哪里，如何制作而成，了解一些背景知识，也是料理制作时必备的常识。

① 芜菁稍留些根，其他切掉，去皮，切为六等分。轻轻抖落腌樱花上面的盐粒。
② 小锅中放入米醋、干鲣鱼高汤、蔗糖，中火煮沸。
③ 关火，加入①。
⑦ 待完全冷却后，倒入密封瓶，放入冰箱保存。

材料
二～三人份
●

芜菁 .... 四个
腌樱花 .... 15 克
米醋 .... 80 毫升
干鲣鱼高汤 .... 300 毫升
蔗糖 .... 两小勺

芜菁与樱花西式泡菜

米醋

料理教室的学生常问我调味料诸事："这是什么牌子的盐？""醋用的是哪家的？"

问得比较多的，还是盐、醋、橄榄油之类最基本的调料。而对于白糖、甜料酒，因每人对甜度喜好不同，就像有一定的守则，几乎不会有人问这问那。在如何区分使用，有没有更好的产品等问题里面，关于醋的提问，好像最多。

我一直用的醋有两种，都是米醋，但会根据用途和季节有所区别。

其中之一，是"千鸟醋"，酸度柔和，不会很刺激，拌凉菜或沙拉时，总是用这个。

另一种是"纯米富士醋"，酸味醇厚。闷热的夏天，或是做醋腌鱼、寿司饭时经常使用到。

酸味想要柔和还是浓重，都取决于菜肴想要什么样的口味。这是做出美味的关键。

我很喜欢醋，即使大瓶，很快也会用完。但醋不仅仅只是酸，还会带给你很好的口感，所以尽量使用很快可以用完的小瓶，经常更换，这样才觉得醋更好吃。

西式泡菜，可以留住时令蔬菜的美味，也给日常餐肴增添更多的色彩。芜菁和樱花是初春的记忆，每年我都会用米醋和干鲣鱼高汤，做一款西式泡菜。

鸡蛋芦笋沙拉

材料
二人份

绿芦笋 .... 一把
鸡蛋 .... 两个
EXV 特级初榨橄榄油 .... 一大勺
粗盐、黑胡椒粉 .... 适量

① 鸡蛋放入热水中，煮八分熟，去壳。
② 折去芦笋硬梗，根部用削皮刀去皮。可用蒸锅蒸，也可用水煮。
③ 把②盛于盘上，铺上切碎的煮鸡蛋，均匀的浇上 EXV 特级初榨橄榄油，撒上粗盐及
黑胡椒粉。

橄榄油

　　我一直在探索各种品牌的橄榄油。只因产地和品种甚多，想要尝试的也就很多。当然其中不乏已知其好、经常使用的牌子，像 Laudemio 。即便如此，经过橄榄油柜台时，还是常看看有没有什么新品牌，再尝试一下。

　　这同葡萄酒一样，个人的倾向、爱好，会左右你的选择。但并非做什么样的菜，才选什么样的油。在众多的品牌中，一眼相中的那瓶，才让人高兴呢。"啊，这个才是我最喜欢的。"

　　说是尝试，并非是尝了以后再买。一般只是靠直觉，就如同买唱片，很多时候看到封套，觉得喜欢就买了。这种情况，结果十有八九还是让人很开心的。

　　我一般选意大利橄榄油。意大利的产品，会因产地和品种的不同，味道大相径庭。除此之外，我也有一些比较喜欢的西班牙牌子。左挑右选的油，各有不同，给烹饪带来更多乐趣。选择的时候，为保证油品的新鲜，会尽量选择能很快吃掉的小瓶。需要用火加热的炒菜或是煎炸，一般不用特级初榨橄榄油（EXV），反倒是精炼橄榄油更适合。

　　做沙拉或腌卤[1]等生吃的食物，或为汤类、通心粉调味，一般可以用特级初榨橄榄油。而需加热烹饪的蔬菜类料理，最好另外选择，用精炼橄榄油就可以了。各种油都配备着，用起来会比较方便。

　　＊ ＊ ＊ ＊ ＊

1　腌卤：法语 Marinade，是腌红肉和红身鱼卤汁的称谓，多用醋、红酒、酸奶油、牛奶或柠檬汁等制成，另配以多种香料。

材料
二人份

油菜 .... 1/2 把
干木耳 .... 8 克
腌梅干 .... 一个大的
菜籽油 .... 一大勺半
淡口酱油 .... 一小勺

菜 籽 油 凉 拌 油 菜

① 干木耳用水发过，煮二三分钟，冷却后去掉硬梗，切为两半。油菜在热水中煮一分钟，
晾于筛子上冷却，控水后切为五六等分。
② 腌梅干去核，用刀拍一下。
③ 把①和②倒入盆中，洒上菜籽油，倒些淡口酱油，充分拌匀。

菜籽油与芝麻油

平时我用的油，除了橄榄油外，还有菜籽油和芝麻油。

菜籽油气味芬芳，炒菜或拌菜不可或缺。炒菜、拌菜之外，想要提香时，无论烹饪什么菜肴，都会用上菜籽油，委实缺它不得。前几天试着用菜籽油来烤羊肉，肉上刷好了香辛料，油香味和羊肉融在一起，相辅相成，烤出的味道非常好。

而芝麻油，多会在煎炸食物时使用。炸出的蓬松感和煎炸后的香脆感，太让人感动了。冷却后，也不会有油汪汪的感觉，真是非常有魅力。用芝麻油煎炸食物，价格或许太贵，但炸出食物的香脆感，是其他油无可比拟的，唯它最好用。除煎炸之外，用在 Carpaccio 一类的清淡食物上，也非常配。

最近进入我的清单的，是平出油屋的菜籽油。能进到我的清单，是有理由的。其实一直以来对菜籽油都很关注，但没有碰到好吃的菜籽油，也就没有用过。而平出油屋的菜籽油，色泽醇厚，气味平淡，那种特别的味道并不强。尝了一下，着实被它的味道震撼。

知道这个菜籽油，是得自一个朋友，他做的煎果子非常好吃，用的就是这种油。我去过一次平出油屋，在福岛的会津若松，是我公公的出生地，这也是我拜访当地的理由。在那里，他们的制作工艺是从古代传下来的，一点也不走样。

从做出好吃东西的人那里得知的味道，又是在和自己有缘分的土地上制作出来的。就凭这些，菜籽油作为一种新的食材，开始被我采用了。

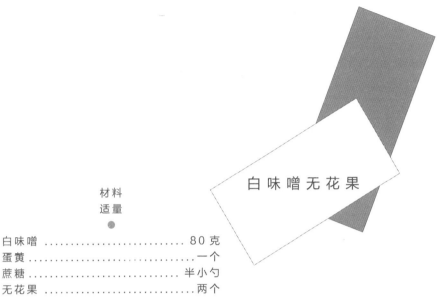

白味噌无花果

材料
适量

白味噌 80克
蛋黄 .... 一个
蔗糖 .... 半小勺
无花果 .... 两个

① 小锅里放入白味噌、蛋黄、蔗糖，用木饭板混合好。
② 小火加热①，用木饭板不停搅拌，直到出了光泽。
③ 待余热散去，按所需盛入器皿，无花果去皮，六等分，放置于上。

白味噌

吃过京都的煮年糕汤，才知白味噌的魅力。我第一次吃到白味噌煮出的年糕汤，浓厚香甜，与软糯的圆年糕饼，融在一起，口舌生香。

"白味噌真好吃"，有了这种想法，我就迈出腿，直奔京都锦市场，采购白味噌带回东京。

回忆着吃过的味道，仿做白味噌煮年糕汤。白味噌的用量，比想象的要多，这倒很出乎意料，但味道却是浓浓的，入口即融。

自那以后，白味噌便频繁出现在我的餐桌上。尤其每逢秋冬寒峭之际，这种浓厚的口味，让人恋恋不舍。海带高汤里，放进足量的白味噌和淡酱油，加上较多姜末，煮出的牡蛎锅，成了我家冬季餐桌上的常客。

而在平常的料理上，白味噌也能大显身手。焯好的青椒、豌豆，可以用白味噌调成的醋味噌来拌；煎过的木棉豆腐，或是热热的魔芋，也可以蘸上白味噌来吃。白味噌味道甘甜，配上青绿略带苦味的蔬菜，或是与豆腐、魔芋之类口味清淡的食材放在一起，都是一种不错的点缀。

冰箱里常备着它，可以用来做浓汤，也可以用作盖住鱼或肉味的腌汁。但凡你想改变往常菜肴的风味时，它绝对能成为你的至宝。柿子、无花果等果物做料理时，白味噌则是牵线搭桥的绝佳搭档。

每当入秋，我必做一款无花果前菜，白味噌和蛋黄调制出的浓稠酱料，配上时令下口味寡淡的无花果，真是太相衬了。白味噌口感浓厚，更适用于寒冷的秋冬季。

① 芋头去皮，切半，用盐搓洗掉黏液。洋葱切薄片。

② 锅中放入黄油，熔化后放入①翻炒，撒盐，盖上锅盖，用中小火蒸三分钟。倒入 300 毫升鲣鱼高汤，盖上锅盖煮，到芋头煮软为止。

② 加入纯米吟酿酒糟，溶化。

③ 倒入料理机打碎，放回锅中，观察锅中黏稠度，加入剩余鲣鱼高汤（浓度可适量调整）。中小火加热，撒盐调味。

酒糟芋艿羹

材料
适量
●

芋头 ....三个大的
洋葱 .... 半个
纯米吟酿酒糟 .... 三大勺
黄油 .... 10 克
鲣鱼高汤 .... 400 毫升
盐 .... 适量

酒糟

　　山寒水冷的秋冬时节，冰箱里常备有酒糟。受近年潮流的影响，很多人选用发酵食物。酒糟有酒糟团和酒酿之分。夏天上市的酒糟团，像味噌一样，很黏稠，极易溶化，做汤、烩菜非常合适。而冬天上市的板状酒酿，大的约30厘米一块，很方便用手掰碎，火上烤一下，香味四散，可和青菜相拌；配以紫菜，倒些酱油，又是一道下酒的小菜。因它容易化开，做成汤类自然不成问题。新年里去参拜神社时，路边摊位上摆出的甜酒，就是用这种板状酒酿慢慢熬成的。这与夏天喝的曲甘酒不同，寒冷时节，风呼呼地吹，慢慢喝下一杯甜酒，自是美味享受，别有一番风味。

　　酒糟团、酒酿，各有其独特的魅力。对我来讲，使用酒窖里能做出香醇美酒的酒糟，才是铁打的原则。我一直用金泽"福光屋"酒窖榨出的酒糟。这次用的纯米吟酿酒糟，是用纯米吟酿酒压榨而出的半固态酒糟，一年里随时都有。口感醇厚，小袋包装，使用方便。

　　芋头、菜花，可以做成一款白色的稠羹，五花肉、三文鱼和白菜，也可以做成酒糟锅。炖菜也好，调味汁也好，想要味道浓厚，酒糟就是一剂很好的佐料。严冬腊月里，酒糟味道深厚，是一款绝佳的调味品。

　　自古流传下来的绝美食材和智慧，得以被我们重新认识，流行于世，但希望不要仅是昙花一现，今后还需要好好传承，发扬光大。

材料
适量

　　　●

牛腱子肉 .... 400 克
洋葱 .... 半个
胡萝卜、芹菜 .... 各半根
大蒜 .... 半头
瓶装水煮番茄酱 .... 300 毫升
孜然 .... 一小勺
香叶 .... 一张
橄榄油 .... 两大勺
水 .... 200 毫升
粗盐、黑胡椒粉 .... 适量

番 茄 酱 炖 牛 腿

① 牛腱子肉常温解冻，切为十二等分。撒孜然。芹菜去筋，与洋葱、胡萝卜一起切薄片。
　　大蒜轻轻捣碎。
② 锅中倒入橄榄油加热，牛腱子肉放入翻炒。加洋葱、芹菜、胡萝卜一起炒，直至炒软，
　　撒粗盐，盖上锅盖，小火炖煮五分钟。
③ 加番茄酱、水、香叶，翻炒，盖上锅盖，中火烧开后转小火，不时翻炒，煮一个半到
　　两小时。期间撒粗盐及黑胡椒粉调味。

番茄酱

　　我用罐装水煮番茄酱时，每每总为不能一次用完而煞是头痛。400毫升的量，要是一次可以用完，当然开心，可是只用200毫升，或再夸张地说，仅为调一下口感而只用一勺时，就不愿意新开一罐。剩下的番茄酱，装进塑料密封容器，又会染上色；装进密封袋里，用起来又不方便。我常为此发愁。

　　一次，我把剩了一半的番茄酱，放进空果酱瓶里，之后用时倒起来很方便。咦？我突然想到，为什么一开始没有买瓶装的呢？如此说来，货架上罐装番茄酱的旁边，就摆着瓶装呢。但水煮番茄酱好像就是要用罐装的，这几乎是一条不成文的规矩。

　　瓶装番茄酱，量上会稍许多一些，用剩的可以放在冰箱冷藏，那就再也不会遇到各种麻烦的善后处理了。瓶装的番茄酱味道更加浓厚。做酱汁时，番茄酱稍微煮一下，只要放一点盐，做出的味道就像熬制了很长时间一样，口味浓郁。简简单单的美味。从此，水煮番茄酱，我都只用瓶装了。忙碌的早晨，可以把番茄酱倒进锅里，快速煮一下，倒进鸡蛋，就可以成为一顿既简单又营养的早饭。冰箱里如果有剩下的番茄酱，炖煮时想用的话，马上就可以用上。备上一瓶瓶装番茄酱，会非常方便。

香草沙拉

① 香草摘下叶片，合在一起冲洗干净，控水。
② 香橙剥去皮。
③ 把①和②混合，均匀撒上橄榄油，倒上白葡萄酒醋，撒粗盐、黑胡椒粉，一起拌好。

材料
二人份
●

香草 (香菜、芝麻菜、茴香、皱叶薄荷) .... 50 克
香橙 .... 两个
橄榄油 .... 一大勺
白葡萄酒醋 .... 两小勺
粗盐、黑胡椒粉 .... 适量

鲜香草

一定有很多人觉得，烹饪时使用香料，该是很难的事情。也许你的确不知道该如何使用，那不妨就先从了解自己喜欢的香味入手吧，怎么样？

清爽的香味、淡淡的香甜、浓绿的芳香、说不上哪里有股像是芝麻一样的香气……找到自己喜欢的香味，了解香草和怎样的食材搭配，经常用在什么料理中，就可以想象香草会带给你怎样的乐趣了，也就可以在料理中运用自如了。

香草的作用，是把食材原本的味道充分发掘出来，或者去除膻臭。稍许添加一些，不仅料理的香味倍增，还可增强人的食欲。用了香草，菜肴的味道更厚重，口感令人回味，让人对烹饪越发有兴趣。

迄今为止，我以为香草只是一剂添香的佐料，能把菜肴内藏的味道激发出来。殊不知香草也可以成为一道主菜，那是吃了"大神农场"的香草料理后才知道的。香草竟然这么好吃？一次能吃这么多吗？香草的魅力这才渐渐揭开了面纱。

香草开的花如此可爱，倒是让我极为惊讶。一盘香草沙拉，就是为吃香草而做的。"大神农场"的香草，口感强劲，充满了魅惑。

不要只把香草作为一种点缀，还可以大胆地用在菜肴里。如此，你必定会发现更多未知的美味。

材料
六个份
●

蓝纹乳酪（Roquefort 牌）.............. 25 克
橘皮果酱 .... 一大勺
黑胡椒粉 ....适量
春卷皮 ....三张
橄榄油 ....少许
低筋面粉（用水调和做成浆）.............适量

蓝纹乳酪橘皮果酱炸春卷

① 春卷皮斜半切。
② 把蓝纹乳酪、橘皮果酱放于①上，撒好黑胡椒粉。
③ 从前面卷好，两端折起，裹好后，用稀释的低筋面粉调成的浆粘好。同样手法做六个。
④ 做好的春卷上涂一层薄薄的橄榄油，放入烤箱或 180℃的烤炉中，烤至出脆皮。

蓝纹乳酪

　　青色带霉斑的乳酪，有着强烈的味道和香气。恐怕有人听到蓝纹乳酪这个名字，就已经不喜欢了吧？它就是这么独特，而我却对它情有独钟。乳酪也罢，人也罢，唯有独特，才有意思……

　　但有些蓝纹乳酪盐分过多，与其空口吃，不如加在菜里，反而更能激发出它的美味。

　　风味独特的蓝纹乳酪，有时可以尝出一点辣味。但如果用来做成意面的酱汁，咸味和辣味可以均衡，浇在意面上，堪称一款口味极柔顺的酱汁。而在比利时菊苣拌苹果沙拉里，蓝纹乳酪又起到口味过渡的作用，是不可或缺的一种材料。

　　借助它的咸味，还可以体味出食材里那种甜咸的口感。把稍苦的橘皮果酱与蓝纹乳酪放在一起，多撒些黑胡椒，可以让人尝到各种口感。蓝纹乳酪在里面是重要介质，是别种乳酪无法取代的。甜咸口味调在一起，让人吃不停口，是一款不错的小吃。

　　同样，还可以和烤面包一起享用。橘皮果酱、蓝纹乳酪，再加上烤得焦脆的培根，一起放在烤好的面包上，咸甜口味的三明治就这样做成了。

　　因为蓝纹乳酪有些咸，口味重，我们不妨把它当作一款调味料。放在刚蒸好的热腾腾的土豆上，让它慢慢融化，撒上足量的黑胡椒粉，美味绝伦。

材料
二～三人份
●

白菜 . . . . 1/6 颗
黄油 . . . . 25 克
百里香 . . . . 两根
粗盐 . . . . 适量

黄油蒸白菜

① 白菜切为入口大小。菜心切斜片。
② 锅中放入①、百里香，黄油分四五片散放其上，捏两小搓盐撒匀，盖上锅盖。
③ 中小火蒸煮十二分钟。整体搅拌一下，适量加盐调味。

黄油

黄油的口味，何以如此之好呢？做好的饭菜上盘之前，加一块黄油，香气顿时四溢，菜肴仿佛被柔软地裹在了里面。

黄油和香草堪称绝配，因此我也常加些百里香。百里香，芳香甘甜，和淡盐味的黄油和在一起，有香有味。清淡多水分的白菜，加上黄油、百里香，一起蒸煮出来的口味，竟是如此柔和，那种美味又是如此素净。飘舞在厨房里的温暖蒸汽，又如冬日寂静的清晨，笼罩在一片美丽的晨光中，这么一碟暖暖的菜肴，依着一块融化的黄油，格外提味。

无盐黄油，口感固然更接近乳味，但平日里含盐黄油用起来却更为方便。适当的咸味，与其他食材极易相容。在家里烤一些简单的点心时，我一般都会用含盐黄油。也许因为童年习惯了那种含盐黄油做出来的口味吧。

一大块黄油，按常用的量，分为小块，剩余部分再分为更小块，放进冷冻室冷冻。冰箱门经常开开关关，分成小份，用时才更方便。

有时我也会凭喜好，用法国产加粗盐的黄油。与其说用来配菜，更多是想好好享受一下黄油的美味。配上那种咬起来很劲道的法国田园面包，或是蒸菜时放上一大块，口感简直无法形容。

用一个大粒的无花果或黄杏干，配着红葡萄酒，这时，粗盐黄油可谓绝佳的点缀了。

① 在花生酱上，把调味料依次加入，搅拌好。
② 浇在蒸好的菜花上。

※ 不仅是蒸菜，也可以用在小萝卜或是胡萝卜等生菜上。

材料
适量
●

花生酱 .... 两大勺
味噌 .... 一小勺半
蜂蜜 .... 一小勺
酱油 .... 1/4 小勺
牛奶 .... 一小勺半
橄榄油 .... 一小勺
菜花等青菜 .... 适量

花生酱

在花生酱爱好者中，最被推崇的是"Happy Nuts Day"牌花生酱。在我料理同行的朋友圈，以及点心研究家中，这个牌子有极好的口碑。受此影响，我空口尝了一下，花生酱的美味，整个把我融化了。更准确地说，是花生酱与生俱来的美味，战胜了一切。

颗粒大小适中，甜度恰到好处，整体调和得无懈可击（无颗粒也可）。不管怎么说，开盖一瞬间的喷香，就是对人的极大诱惑。吃一口花生酱，恐怕再也无暇吃别的了。早晨最幸福的一刻，不外乎是把花生酱抹在刚烤好的脆脆的面包上。虽担心发胖，觉得不能养成习惯，可每天清晨打开冰箱的那一瞬，目光自然落在了花生酱上，满脑子想的就只是花生酱吐司了，真让人欲罢不能。

花生酱味道醇厚，但并不腻口，因此用来做菜也可以。菜花、芜菁一类清淡的菜，可以浇上花生酱调制成的浓酱汁一起吃……那是一种让人怀旧的口味。我禁不住做起了一道浓酱汁。添上些新鲜的小红萝卜，配着白葡萄酒，美味不过如此了。

打开一瓶，基本不会吃剩下了，仅是抹一下吐司，很快就可以吃掉，但如果真的剩下了，可以像这样做菜用。

胡椒鲅粗酱意式烤面包

材料
适量
●

鲷鱼（生鱼片）............120克
牛油果 ....半个
紫洋葱 ....1/8 个
纯胡椒 ....6 克
白葡萄酒醋 ....两小勺
橄榄油 ....一大勺
粗盐 ....适量
法棍 ....切为八到十段

① 紫洋葱切碎，撒粗盐，过水冲一下，稍候一会去辣味，控干水分。纯胡椒粗粗地切碎。
② 生鱼片切为碎块。牛油果同样切好。
③ 把①和②合在一起，倒入白葡萄酒醋、橄榄油，与粗盐一起搅拌。放在烤好的法棍上，
　　撒些橄榄油（额外的量）。

纯胡椒

朋友送给我时说："下次给你介绍一个人，这是他做的。你先尝尝。"就这样，开始了我和纯胡椒的机缘。

瓶装食品，通常给人以加工过头的印象，让人觉得非常可惜。但这瓶纯胡椒，是用生胡椒腌制而成的，用过一次后，觉得眼前豁然开朗，在烹饪领域里，就此更可以大展身手了。

"香料之王"高桥因公驻印尼时，为胡椒的魅力所倾倒，开始制作起这种纯胡椒。他自己生产、收割、装瓶、销售，一切亲力亲为，一年竟有半年都待在印尼。"做成腌制口味，胡椒就不是生的了……"说这话，好像带些遗憾，可我却觉得正是多了这种咸味，口感才好。

胡椒特有的辣味和微咸的口感搭配在一起，恰到好处。空口吃下去，辣味扑鼻，而与食材调制在一起，辣味像被包裹了起来，柔和了许多，放在菜里，恰成一种点缀。粗粗地切碎，调拌在意面里，简单又省事；取代芥末，放在生鱼片旁，味道也毫不逊色。与肉搭配，口味也不难想象，但也可以用在 Carpaccio 或 Acqua Pazza[1] 等鱼肉料理中。

前几天，我做了一道前菜，用一个大大的干无花果，把回温后的黄油放在上面，又放了二三粒完整的纯胡椒。甜咸的口感，点缀以微辣，是一道不错的前菜。

* * * * *

1 Acqua Pazza：意大利料理菜名。把鱼、贝类与番茄、橄榄一起，用白葡萄酒和水炖煮。

煎饺子

材料
十六个份
●

饺子皮（大号）...................十六张
五花肉 ....150 克
白菜（剁碎）...................三张
韭菜（剁碎）...................六根
盐、蔗糖、酱油、香油.........各一小勺
纯芝麻油 ....一大勺
香油 ....一小勺
水 ....80 毫升

① 白菜撒 2/3 小勺盐，静置一会。
② 五花肉切碎，放入韭菜，加上余下的盐、蔗糖、酱油，拌匀。
③ 白菜挤干水分，放进②里搅拌，再放入香油，一起搅拌。
④ 把 1/16 的③放于饺子皮中心，周边沾上水，捏出皱褶，把馅包起来。同样做好十六个。
⑤ 锅中放入纯芝麻油，加热，中火转大，放入④，加水，盖上锅盖，调为中小火，煎至水分将近蒸发。
⑥ 锅内水几乎没了时，揭开锅盖，改为大火，沿着锅边倒一圈香油，把饺子烤出焦边。

饺子皮

谁都有吃起饺子没个够的时候吧。每每总为吃煎饺还是吃水饺而发愁。天气热的时候吃煎饺,寒冷的日子,可以就着蒸汽一起享用的是水饺。煎饺蘸上醋、酱油、辣油,配着热腾腾的米饭一起吃下去——光想一下,就足以下定决心,今晚就是饺子了!别看我现在这么喜欢吃饺子,小时候却很不喜欢吃。晚饭时,一听说要吃饺子,情绪马上就低沉了。当时为什么不喜欢吃饺子,现在怎么想也想不起来了。

水饺的饺子馅,倒是很容易让人犯难,用这种,还是那种,并没有什么定论,只是随着季节和心情,调配馅里的食材。水饺一般以青菜为主,如豆苗、秋葵、韭菜、小油菜等。而煎饺,只限于白菜或卷心菜,放些韭菜,五花肉用刀拍拍,也可少量放入一些。可问题是饺子皮怎么办?饺子好吃与否,馅固然重要,皮也不可忽略。

如果有时间,可以自己做饺子皮。很有乐趣,但比较耗费时间。每次想吃的时候,一想到要自己擀皮,都会就此作罢。现在有这么好吃的饺子皮,还用自己亲手擀吗?我用的饺子皮是镰仓邦荣堂制面厂做的。他们向好几家拉面店专供中华面,做出来的饺子皮也非常好吃。每次我总拜托住在镰仓的朋友,帮我买一些。煎饺、水饺,都可以用,皮子厚度适中,光滑有韧性。这样,饺子皮就算搞定了。那厂出的饺子皮也可以冷冻,每次总要朋友帮我多买点,常备常用。

材料
二人份
●

黄瓜 .... 一根
鸡蛋 .... 一个
朝鲜辣白菜 .... 200 克
韩国海苔 .... 半张
素面（半田面）........... 两捆
苦椒酱 .... 两小勺
香油 .... 一大勺
盐 .... 适量
醋 .... 适量

苦椒酱面

① 黄瓜去皮，纵向切为两半，再斜切成薄片。辣白菜粗粗切碎。鸡蛋入沸水煮八分熟，
　 剥去蛋壳。
② 盆中放入切碎的辣白菜、苦椒酱、香油、盐，调拌均匀。
③ 素面于热水中煮熟，过凉水冲，控干水分。
④ 素面盛于器皿中，慢慢放上②，再点缀上黄瓜、半个煮鸡蛋、剪碎的韩国海苔。按喜
　 好可浇些醋，整体拌匀。

苦椒酱

　　甜面酱、豆瓣酱、苦椒酱，这些口味浓厚的调味料，我们都称为酱。它们有甜有辣，口味浓烈，作为调味料甚佳。可是我一直没能找到一个理想的牌子。没有确实很麻烦，只好在常去的超市里，找一瓶看起来差不多的。

　　制作每种酱，都要用很多原材料，到底用些什么，却搞不懂，让人很烦恼。最近，总算找到了一种理想的口味，"Hibari 饭厅"自产的苦椒酱。Hibari 由田中圣子亲自料理，无论哪一品，食材都非常新鲜，简朴中透出食材组合的巧妙。食材的选用，都经过反复推敲，这一点从菜品上，以及本人那里，一看便知。圣子自制的火腿，口味的确像评价所说的那样好，堪称完美。她精心研制的食材，总让我为之叹服。

　　火腿的事情，以后找机会再谈。Hibari 自制的苦椒酱，辣中有甜，口感柔和。用的材料也极为简单：糯米、米曲、豆曲、辣酱、盐。就用这些材料，怎么做出这种深厚的口感来呢？豆曲该不会是苦椒酱的核心吧？我擅自猜想着。每当嚼到豆曲残留下的颗粒，都觉得很是好吃。尊重食材，真心做菜，自会获得应有的味道。

① 鸡翅洗净晾干，搓好蒜泥、生姜，辣椒去籽切为一半，调味料全部放在一起，揉好密封，放入冰箱，腌渍一小时以上。

② 锅中倒入 2 厘米高的煎炸用油，倒入①。点火，调为中小火，鸡翅全部过油，煎透。

③ 油沥干，点缀以香菜。

蒜 香 鸡 翅

材料
适量

鸡翅（中段）..................400 克
大蒜...........................1/3 头
姜.............................半块
辣椒...........................一根
淡口酱油.......................两小勺
蔗糖...........................半小勺
粗盐...........................少许
咖喱粉.........................一小勺
绍兴酒.........................两大勺
香油...........................一小勺
煎炸用油.......................适量
香菜...........................适量

绍
兴
酒

　　盐炒虾仁、豆苗炒姜花、豆豉蒸蚬贝……刚烧好的热腾腾的菜，配上一杯绍兴酒。想象一下，不觉得很般配吗？

　　也就是说，绍兴酒用在料理上，极为相配！

　　有些牵强？哪里的话，并不是你想象的那样。绍兴酒是我的常备调味料。做中餐自然会用，做特色菜肴时，绍兴酒比日本酒更合适。

　　淡淡的甜味带些酸，口味厚重。调味的时候、腌菜的时候、炒菜的时候，都可以起到很好的作用。即便是简单的清炒，也非常适合。因为本身口味厚重，稍放些盐，做出来的菜肴就很入味。

　　蒸煮时，绍兴酒的味道会盖过其他味道，但同样很好吃。像鲷鱼一类的白肉鱼，放上葱、姜丝，洒一些绍兴酒，隔水蒸一下，就是一道口味饱满的美食。

　　用于做菜的绍兴酒，价格不用很贵。作为料理酒，价格合适的就可以。当然配上好菜，小酌一杯，也很风雅……

　　绍兴酒作为调味料，简单的炒菜，或一般的蒸煮，味道上会有很多变化。腌渍白萝卜、黄瓜时，和辣椒、生姜、八角一起，洒些绍兴酒，就是一款中式腌菜。

　　不用限于中餐，展开想象，把绍兴酒当作一款调味料，即便是做家常饭菜，也会拓宽你的领域。

材料
二～三人份
●

土豆 . . . . 中等两个
新上市洋葱 . . . . 半个
柠檬汁 . . . . 一大勺半
小茴香种子 . . . . 两小勺
白芝麻 . . . . 一小勺
粗盐 . . . . 适量

① 土豆去皮，切八等分。新洋葱切末。
② 锅中放满水，加土豆，中火煮至竹签一穿即透。加入新洋葱，接着再煮一分钟。
③ 倒掉锅中所有水，小火把土豆上的水分烤干。
④ 关火，撒上小茴香种子、白芝麻、柠檬汁、粗盐，搅拌好。盛于盘上，按喜好挤上柠檬汁。

小茴香

因为不知道香料该怎么用，也就不敢碰，可又很想做一道正宗的咖喱，找来一堆香料，结果总是用不完就放在那里……应该有很多这样的人吧？不可否认，这种情况的确常有，但是我敢断言，巧用香料来做饭，会更有意思！

远远地飘来一股香味，夹杂着一些辛辣味，你肯定会想："咦，这道菜里放了什么？用什么调的味道？"香料使料理的味道更加丰富，给你带来更多快乐。

想要熟练运用香料，从小茴香开始比较好。小茴香有两种，种子形状的小茴香和磨成粉的小茴香，两种我都用，但建议先用种子状的小茴香。

说起小茴香，应该是做咖喱必不可缺的材料，闻一下："啊，就是这个味道！"无论谁都应该在哪里闻到过。

盐腌卷心菜里可以撒几粒小茴香；蒸好的土豆上也可以撒上一些，再洒上酸酸的柠檬汁，好像立刻就身处异国异香扑鼻了。这些既可做咖喱的配菜，也可以做黑麦面包三明治的夹心。

小茴香和番茄口味也很搭配，番茄煮过后，放上小茴香，比之前单纯的胡椒粉番茄更有回味。

先用小茴香取代胡椒粉试试吧。使用香料的第一步，从小茴香开始。

鲷鱼 .... 两块
彩辣（黄椒、红椒）........... 各半个
欧芹 .... 四根
杏仁 40克
白葡萄酒 40毫升
橄榄油 .... 两小勺
粗盐 ....适量

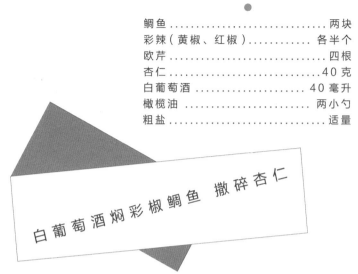

白葡萄酒焖彩椒鲷鱼 撒碎杏仁

① 切块的鲷鱼撒上粗盐，静置片刻，控掉腌出的水分。
② 杏仁放于锅中，小火烘焙六七分钟，慎勿烤煳。切为粗粒。
③ 彩椒纵切为八等分。两根欧芹留叶子，粗粗切碎。
④ 浅锅中倒橄榄油加热，放入彩椒、鲷鱼、欧芹，加白葡萄酒，盖上锅盖。中小火蒸煮
　八至十分钟，撒粗盐。
⑤ 把④盛于盘中，撒上杏仁及碎欧芹叶。

坚
果
类

　　我常备的料理食材里，还有杏仁、腰果和花生。

　　做沙拉、凉拌菜、炒热菜时，想要菜量多些，或是口味重些，总会把坚果切碎放进去。无论是用来加量还是加重口味，坚果都会让食物更有回味。

　　凉拌菜上常用的白芝麻，用切碎的坚果代替；清蒸鱼上撒些粗粗的坚果颗粒。与其他食材搭配好，坚果碎粒，不仅可以增食欲，而且可以让料理的味道更丰美。

　　尤其要提一下的是杏仁，无论用在哪里，都非常方便。杏仁磨成芝麻酱一样的稠状，可做拌菜调味料，在日餐中经常使用。香草或带叶蔬菜拌沙拉时，加进切为大粒煎过的杏仁，咀嚼之下，坚果的嚼劲和脆香，一并诱发出来。与牛油果这类绵软的果实放在一起，两种不同的口感，能奏出一曲美妙的和声。做煎肉饼或味噌肉酱类的带馅料理时，放上一些杏仁碎，"嘎吱嘎吱"地咀嚼，不失一种口味上的点缀。

　　腰果在中餐里，想必极其常见，也非常适合用在炒菜里。

　　花生也可以放在煲饭里。与咸海带、咸马哈鱼一类的咸味食材一起煲，清淡的味道，因加入了坚果，焦香味更为凸显。清口的白萝卜与胡萝卜的醋拌萝卜丝，放些花生碎，味道也极美。

　　常备几种不同的坚果，可作为一种食材，需要时可灵活使用。

材料
二人份

草莓 . . . . 小粒 20 颗
甜菜 . . . . 半个
蛋黄 . . . . 一个
蜂蜜 . . . . 一小勺半
红葡萄酒醋 . . . . 一小勺
橄榄油 . . . . 一大勺半
粗盐、黑胡椒粉 . . . . 适量

草莓甜菜蜂蜜沙拉

① 甜菜切为三四块，满水煮软。控干水分，切为入口大小。草莓去蒂。
② 盆中放入蛋黄、蜂蜜、粗盐，用打泡器打好。蓬松后加入红葡萄酒醋、橄榄油，再搅拌，
　多撒黑胡椒粉。
③ 把②倒在①上，整体搅拌。

蜂蜜

做菜时，蜂蜜经常可以用到。调味汁、佐料上可以用，炖煮时也可以用，非常方便。我把蜂蜜归于调味料一类。

蜂蜜绝好的地方是浓郁、醇厚、有光泽，与其他调味料搭配又极调和。调调味汁或佐料时，用蜂蜜取代砂糖，会有种淡淡的甘甜和浓厚的口味。又因含有水分，当作液体来用非常适合。与蛋黄一起用，亮晶晶的像上了一层金黄色。这种光泽能提人胃口。浇在草莓或是甜菜一类红色果蔬上，甜美的诱惑俨然呈现于眼前。

蜂蜜根据所采花的种类不同，味道也各具特色。像栗树蜂蜜的确很好吃，直接入口的话，口味独特，可用在料理上，并不适合。反而是口味单纯的莲花、洋槐一类的更好。要能找到味道好、口味重，用在料理上也合适的，那便更会增加使用蜂蜜的乐趣。

最近迷上了据说是摩纳哥王室御用的蜂蜜。最初一见，就为其色泽所迷惑。透过瓶子，黄澄澄琥珀色的蜜液，那是怎样的诱人呀。不仅是标签和色泽，那个味道……深厚、有品位，着实让人大为惊叹。迷迭香的蜂蜜、奶油状的蜂蜜，种类繁多，哪一个都想试试。寻找自己喜欢的味道的乐趣，慢慢蔓延开来。但用在料理上，会显得过于奢侈。

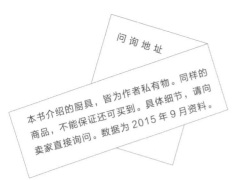

本书介绍的厨具，皆为作者私有物。同样的商品，不能保证还可买到。具体细节，请向卖家直接询问。数据为2015年9月资料。

P.15 ZWILLING TWIN CERMAX M66 菜刀
P.23 Staub 珐琅铸铁锅 18厘米
— ZWILLING J.A. Henckels Japan 株式会社
— 电话：0120-75-7155（顾客问询处）
— http://www.zwilling.jp/
— http://www.staub.jp/

P.15 照宝 砧板 27厘米/30厘米
— 照宝
— 神奈川县横滨市中区山下町150
— 电话：045-681-0234
— http://www.shouhou.jp/

P.19 Cristel 可利浅锅 L 22厘米
P.47 不锈钢盆 全套
P.87 Cristel 保温棉罩
P.99 料理棒
— Cherry Terrace 代官山
— 东京都涩谷区猿乐町29-9 HILLSIDE TERRACE D栋一层
— 电话：03-3770-8728
— http://www.cherryterrace.co.jp/top

P.27 小笠原陆兆 带盖迷你铁煎锅
— REAL JAPAN STORE
— 电话：0120-965-905
— http://www.realjapanstore.com/fs/rjps/406o001km001f

P.31 VOLLATH WEAR-EVER 特氟龙涂层不粘锅26厘米
— 东洋商会有限公司
— 东京都台东区松之谷1-11-10
— 电话：03-3841-9009（代表）
— http://www.okashinomori.com/

P.35 烧饭锅 二合
— 生活 田园调布 Ichou
— 东京都大田区田园调布3-1-1
— Gades 田园调布楼二层
— 电话：03-3721-3010
— http://www.ichou-jp.com/

厨具

P.39 竹俣勇壹　布菜勺
— KiKU
— 石川县金泽市新竖町 3 丁目 37 番
— 电话：076-223-2319
— Sayuu
— 石川县金泽市东山 1 丁目 8-18
— 电话：076-255-0183
— http://www.kiku-sayuu.com/

P.43 Nonoji 漏勺　（小）
— 株式会社 LEBEN
— 神奈川县横滨市西区北幸 2-8-19 横滨西口 K
楼四层
— 电话：050-5509-8340
— http://shop.yokohama-city.co.jp/i-shop/top.asp

P.51 Labase
　　不锈钢平底拖盘　21 厘米
　　不锈钢网状平底盘　21 厘米
　　不锈钢平底盘　21 厘米
— 和平 FREIZ 株式会社
— 新潟县燕市物流中心 2-16
— 电话：0256-63-9711
— http://labase.jp/

P.55 佐渡产竹筛子（33 厘米）
P.67 木质刨刀
P.75 Westmark 社　去核器
— 株式会社釜浅商店
— 东京都台东区松之谷 2-24-1
— 电话：03-3841-9355
— http://www.kama-asa.co.jp/

P.59 LAMPLIG 面板
— IKEA·JAPAN 株式会社
— 电话：0570-01-3900（顾客服务中心）
— http://www.ikea.com/jp/ja/

P.63 TUTU 筒　S.M.L
— 野田珐琅株式会社
— 东京都江东区北砂 3-22-22
— 电话：03-3640-5511
— http://www.nodahoro.com/

P.71 烧烤篦子
— 带把手篦子（大）
— 京都府京都市东山区高台寺南门通下河原东枡
屋町 362-5
— 电话：075-551-5500
— http://www.kanaamitsuji.com/

P.79 佐藤计量器　测肉温度计
— 株式会社佐藤计量器制作所
— 东京都千代田区神田西福田町 3 番地
— 电话：03-3254-8111
— http://www.sksato.co.jp/

P.83 煎蛋锅　（高 15 厘米 × 横 15 厘米）
— 有次锦店
— 京都府京都市中京区锦小路通御幸町西
— 电话：075-221-1091

P.95 破壁机
— 株式会社 EntreX
— 东京都新宿区新宿 2-19-1　BYGS 七层
— http://wwww.vita-mix.jp/

食材

P.105 艳姬大米
— 井上农场
— 山形县鹤岗市渡前字白山前 14
— 电话：0235-64-2805
— http://www.inoue.farm/

P.109 Divella
— 意大利面 Ristorante #08
— 株式会社 MEMO'S
— 大阪府大阪市中央区南久宝寺町 2-2-7 意大利楼
— 电话：06-6264-5151（食品部）
— http://www.memos.co.jp/

P.109 SETARO·Strozzapreti
— Central City 株式会社
— 爱知县名古屋市守山区土町 221-2
— 电话：052-793-8731
— http://www.centrad.co.jp/ef

P.113 鲣鱼高汤
— 株式会社伏高
— 东京都中央区筑地 6 丁目 27-2
— 电话：03-3551-2661
— http://www.fushitaka.com/

P.113 罗臼海带
— 株式会社奥井海生堂
— 福井县敦贺市神乐 1 丁目 4-10
— 电话：0120-520-091
— http://www.konbu.co.jp/

P.117 Hagoromo 盐（细盐）
— 株式会社 ParadisePlan
— 冲绳县宫古岛市平良字久贝 870-1
— 电话：0120-040-155
— http://www.shop-ma-suya.jp/

P.117 奄美大岛加计吕麻岛盐（粗盐）
— FOOD FOR THOUGHT
— http://w520fft.tumblr.com/

P.121 京醋加茂千岛
— 村山造醋株式会社
— 京都府京都市东山区三条通大桥东 3 丁目 2 番地
— 电话：075-761-3151
— http://chidorisu.cp.jp/

P.121 纯米富士醋
— 株式会社饭尾酿造
— 京都府宫津市小田宿野 373
— 电话：0772-25-0015
— http://www.iiojozo.co.jp/

P.125 Frescobaldi · LAUDEMIO 橄榄油
— Cherryterrace 代官山
— http://www.cherryterrace.co.jp/product/laud/

P.125 Barbera　LORENZO No.5
EXTR · VERGINE · DI · OLIVA 橄榄油

P.141 MONTEBELLO　PASSATA · RUSTICA 番茄酱
— MONTE 物产株式会社
— 东京都涩谷区神宫前 5 丁目 52 番 2 号青山 OVAL 楼
— 电话：0120-348-566
— http://www.montebussan.co.jp/

P.125 Other Brother（Smooth）橄榄油
— GOOD NEIGHBORS' FINE FOODS
— http://goodneighborsfinefoods.com/

P.125 PLANETA 橄榄油
— Extra · Vergine · di Oliva　D.O.P.
— 日欧商事株式会社
— 东京都港区芝三丁目 2-18 NBF 芝公园楼四层
— 电话：0120-200-105
— http://www.jetlc.co.jp/

P.125 MARQUES · DE · VALDUEZA　Merula
Extra · Vergine · di Oliva 橄榄油
— 株式会社铃商
— 东京都新宿区荒木町 23 番地
— 电话：03-3225-1161（代表）
— http://www.suzusho.co.jp/

P.129 平出菜籽油
— 平出油屋
— 福岛县会津若松市御旗町 4-10
— 电话：0242-27-0545

P.129 圆本纯芝麻油
— 竹本油脂株式会社
— 爱知县蒲郡市滨町 11 番地
— 电话：0120-77-1150
— http://www.gomaabura.jp/

P.133 怀石白味噌
— 株式会社石野味噌
— 京都府京都市下京区油小路通四条下石井筒町 546
— 电话：075-361-2336
— http://www.ishinomiso.co.jp/

P.137 福正宗 纯米吟酿酒糟
福正宗 纯米板状酒糟（特定季节）
— 株式会社福光屋
— 石川县金泽市石引 2 丁目 8 番 3 号
— 电话：0120-293-285
— http://www.fukumitsuya.com/

P.145 鲜香草
— 大神农场
— 大分县速见郡日出町大神 6025-1
— 电话：0977-73-0012
— http://www.ogafarm.com

P.149 ROQUEFORT AOP 蓝纹乳酪
— 世界奶酪商会株式会社
— 大阪府大阪市中央区天满桥京町 3 番 6 号
— 电话：06-6942-5331
— http://www.sekai-cheese.co.jp/

P.153 Calpis（株）特选黄油·含盐
— Calpis 株式会社
— 东京都墨田区吾妻桥 1-23-1
— 电话：0120-378-090
— http://www.calpis.co.jp/

P.153 Grand Fermage
Sel de Mer（粗盐）
— Ｅ·Ｔ·Ｊ 有限公司
— 东京都中央区入船 3-9-2 佐久间大厦五层
— 电话：03-3297-7621
— http://www.etj-gourmet.co.jp/

P.157　花生酱（有颗粒）
—　　株式会社 HAPPY NUTS DAY
—　　千叶县山武郡九十九里町片贝 6902-38
—　　电话：0475-78-3266
—　　http://happynutsday.com/

P.161　纯胡椒
—　　仙人香料（调味料）
—　　东京都立川市上砂町 1-3-6-19
—　　电话：042-537-7738
—　　http://www.sennin-spice.com/

P.165　饺子皮
—　　邦荣堂制面
—　　神奈川县镰仓市大町 5-6-15
—　　电话：0467-22-0719
—　　邮箱：factory5615men@i.softbank.jp

P.169　苦椒酱
—　　Hibari 饭厅
—　　东京都世田谷区砧 8-7-1 2F
—　　电话：03-3415-4122
—　　http://hibarigohan.com/

P.173　绍兴酒
—　　兴南贸易株式会社
—　　东京都稻城市百村 2129-32
—　　电话：042-370-8881
—　　http://konantrg.sakura.ne.jp/

P.177　小茴香
—　　株式会社印美贸易商会
—　　东京都杉并区成田西 1-16-38
—　　电话：03-3312-3636
—　　http://www.spinfoods.net/

P.181　杏仁（无盐）
—　　株式会社万直商店
—　　千叶县流山市加 4 丁目 3-3
—　　电话：04-7158-3317

P.185　*LES RUCHERS DU BESSILLON*
　　　迷迭香蜂蜜
　　　灌木蜂蜜
—　　株式会社 Fresh Cream
—　　东京都目黑区自由之丘 1-22-3
—　　电话：03-3723-6368
—　　http://www.freshcream.jp/